国外城市设计丛书

重新设计城市

——原理·实践·实施

[美] 乔纳森·巴奈特 著

叶齐茂 倪晓晖 译

U0231211

中国建筑工业出版社

著作权合同登记图字：01-2006-3825 号

图书在版编目（CIP）数据

重新设计城市——原理·实践·实施/（美）巴奈特著；叶齐茂，倪晓晖译.
北京：中国建筑工业出版社，2013.9
（国外城市设计丛书）
ISBN 978-7-112-15669-6

I.①重… II.①巴…②叶…③倪… III.①城市规划-建筑设计 IV.①TU984

中国版本图书馆CIP数据核字（2013）第176431号

Redesigning Cities

Copyright © 2003 American Planning Association

Translation © 2013 China Architecture & Building Press

All rights reserved

本书由美国规划协会授权翻译出版

责任编辑：程素荣
责任设计：董建平
责任校对：党　蕾　刘梦然

国外城市设计丛书
重新设计城市
——原理·实践·实施
[美] 乔纳森·巴奈特　著
　　叶齐茂　倪晓晖　译
＊
中国建筑工业出版社出版、发行（北京西郊百万庄）
各地新华书店、建筑书店经销
北京嘉泰利德公司制版
北京君升印刷有限公司印刷
＊
开本：787×1092毫米　1/16　印张：15¼　字数：360千字
2013年12月第一版　2013年12月第一次印刷
定价：58.00元
ISBN 978-7-112--15669-6
（24201）
版权所有　翻印必究
如有印装质量问题，可寄本社退换
（邮政编码 100037）

目　录

序 言

在这本《重新设计城市》的著作中，乔纳森·巴奈特研究了美国城市设计标准和实践的发展，提出了一组新的和更新了的设计概念，这些设计概念能够用来振兴我们的城市，改善老郊区，对迅速发展的地区实施增长管理，很有价值。

本书明确告诉我们，什么是精明增长政策的要素，这些精明增长政策如何在美国各式各样的社区里成功地得到贯彻。乔纳森·巴奈特曾经是纽约市规划局城市设计的主任，还是许多社区的规划设计顾问，他给我们指出了如何把我们的城市地区建设得更加宜居、更具吸引力和更具经济上的竞争力的途径。为什么更新区域规划和开发法规对改善城市和郊区如此重要，区域规划如何影响着开发，他对此所提出的看法构成了本书的一个最重要的观点。

我的家乡在罗得岛的沃里克。沃里克的过去很好地说明了不适当的区域规划决定如何逐步创造了混乱的土地开发。混乱的土地开发既是那样不雅观，还导致了沃里克地方经济的衰退。工业设施、商业设施和住宅不适当地相互融合在一起，主要道路上塞满了车辆。地方报纸把这个城市描绘为"郊区的噩梦"。

1993—1999 年，我曾经担任沃里克市的市长，我竭尽全力去扭转这种局面。我的行政管理部门与不良的区域规划决定做斗争。我们更新了我们的区域规划规则和开发法规。我们建立了两个历史保护区。我们购买了 52 公顷开放空间。我们建立了一个城市森林项目。我们把下水管线延伸到环境敏感的海边。我们批准了一项法律，为新的铁路和机场设施联运划定了一个再开发区。

作为一个参议员，我一直都在支持着美国的精明增长。布什总统签署了《棕地振兴法》（Brownfields Revitalization），我对此深感欣慰。这项新的法律鼓励再开发那些废弃的工业房地产，特别是那些留在城市里的废弃工业场地，经过改造，把它们用于住宅、办公和其他，增加我们城市的活力。当然，这些被遗弃场地的再使用，也给财政捉襟见肘的市政府带去了重要的房地产税收收入。

我还认为，另外一项立法，《社区品质法》，会给联邦政府创造一次机会，推进州和地方层次的大量红利的利用。在美国的 50 个州中，有一半数量的州有州区域规划启用法，这种法律可以追溯到 20 世纪 20 年代。我的提案将帮助州里创造或更新州范围的土地使用规划地位，允许它们占有本书描述的革新的技术优势。

我真诚地希望，《棕地振兴法》和《社区品质法》这类举措，能够帮助全国各地的市政领导人，给我们的城市注入新的活力。我推荐各地的市政领导人阅读乔纳森·巴奈特这本书，使用他在长期公共服务中积累起来的先进的规划和城市设计技术。

参议员：林肯·查菲
华盛顿哥伦比亚特区
2002 年 8 月

绪言：城市设计的新策略

1992 年，圣路易斯县西部边缘的居民组织起来，阻止这个区域的第三条环路的建设，因为这条环路要通过他们街区。人们呼喊"不要放在我的后院里"；当然，他们在认识修建这条公路的错误方面，要比密苏里州交通部强一些。

工程师们要建设一个新的连接道路，这样大型货车就能够从一条州际公路开到另一条州际公路上。这样，比起现在，大型货车的车流偏开圣路易斯市更远一些。市民们用他们的直觉和他们的观察，思考这条公路建成后会发生什么，他们的结论是，这条连通道路不可避免地会带来新的一轮城市开发，进而完全改变他们居住社区的半乡村状态。

如果我们把外环线看作重新设计圣路易斯都市区的一种手段，而不是为了大型货车司机的便利，那么，毫无疑问，建设这条外环线是重新设计圣路易斯都市区的一个下策。

在 1990—2000 年的 10 年间，圣路易斯区域的人口增长仅为 4%，这个人口增长速度意味着，这个地区的人口年复一年完全没有增长。尽管人口稳定，蔓延的郊区开发已经沿着两条环线道路和主要公路走廊迅速地向外展开，特别是 70 号州际公路。这条公路途径"兰伯特国际机场"，正在吸引着开发向圣查尔斯县深处展开，那里距圣路易斯市中心西北 56 公里。这条计划建设的连通道路在圣路易斯县西部边缘地区，距离圣路易斯市中心 40 公里，如果建成，房地产投资可能会从 70 号州际公路走廊西段和南段进入富兰克林县和杰斐逊县（绪言图 1）。于是，那里大片的农田将变成住宅、办公建筑和购物中心；然而，人口增长非常缓慢，在乡村边缘地区的新开发不可避免地会把人口和商务活动从圣路易斯都市区的建成区里吸引出来。尽管圣路易斯市和圣路易斯县都有可能流失人口和税收，但是，圣路易斯市和圣路易斯县并不反对修建这条连接公路的建议。倒是当地居民阻止这项工程，至少现在是这样。

市民获得了控制权

同样还是这些组织起来反对这条公路建设的市民们，开始对圣路易斯县政府提出问题，圣路易斯县政府正在他们所在地区批准新的住宅建设修建性详细规划和商店。他们详细记录

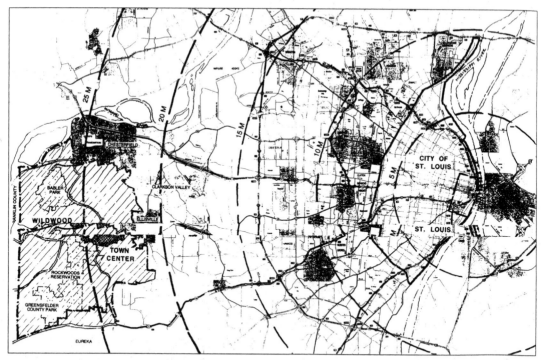

绪言图 1　圣路易斯都市区地形图。

了清除树木、植被和表层土壤，平整土地等行为所造成的迅速扩大的环境损害，如河流水流加速，漫滩更为频繁，桥梁被洪水颠覆，下水道和电线导管经洪水冲刷而暴露出来，等等。市民们把这些水土流失的情况拍摄下来，并向圣路易斯县议会展示了他们这些证据，议员们听取了这些报告，但是圣路易斯县政府继续批准这类导致水土流失的开发（绪言图 2）。

　　这个名叫"怀尔德伍德"的社区发现，圣路易斯县政府仅有一个议员席位代表他们的社区，所以，他们最多只有一票的权利。于是，他们进行了法律咨询，了解到他们有可能脱离这个县，创造他们自己的市政府，并管理自己的土地使用决策。经过 3 年的法律斗争，1995 年 2 月，这个地区 61% 的居民参与了公决，61% 的居民同意从圣路易斯县分离出来，组建自己的城市。1995 年 9 月，怀尔德伍德成为密苏里州最新的城市。现在，当地居民能够通过规划法，把新的开发与地方生态协调起来，包括细分法令的修正，以要求开发规划考虑到水土流失和洪水防治问题。

建设社区

　　当这个城市建制组建立起来以后，怀尔德伍德市要求我为他们编制一份总体规划，编制新的开发法规。怀尔德伍德的问题不只是建设还是不建设新的公路或保持水土，他们的问题还有，这个地区的人们打算采取何种生活方式。在他们的思想中，的确有一个有关他们社区应该如何的画面，所以，他们需要的是帮助他们实现城市理想的公共政策，对他们的社区作

绪言图2　怀尔德伍德一座被洪水冲垮的桥梁。

绪言图3　怀特德伍德旧的曼彻斯特路，经过传统商业带状开发的挽救，已成为城镇中心的一部分。

出设计，而不是等待那些没有联系的决策的副产品。

　　新的怀尔德伍德总体规划确定了一个最适合于建设的地区作为城镇中心（绪言图3）。最近，怀尔德伍德通过了这个城镇中心的详细专项规划，其目标是建设一个可以步行的地方，商店临街布置，采取小宅基地建设公寓和独立住宅。这个城镇中心建成之后的形象是一个老式风格的郊区城镇，而不是沿着公路带状布置的商业开发走廊。如果按照这个县的区域规划

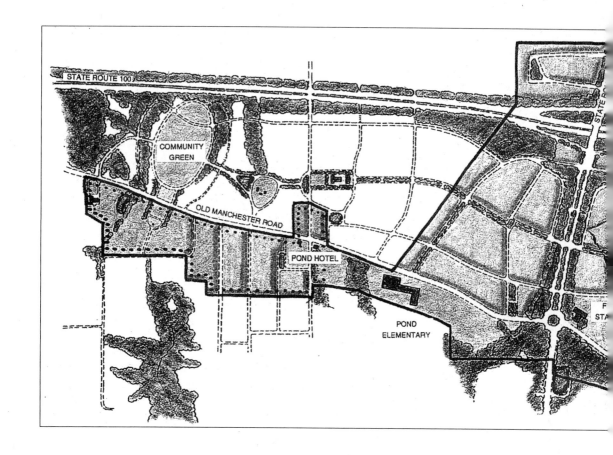

政策，这条公路已经出现了（绪言图4）。

　　在都市区地方政府中新增一个行政辖区建制应该是一个万般无奈之举。当然，怀尔德伍德的故事说明了两个重要倾向：人们现在认识到，曾经是专家事务的城市设计选择，影响着每一个人的日常生活；许多人不满意规划和城市设计决策，他们开始认识到，如何自己控制规划和城市设计决策，如何改造自己的城市。

五个基本城市设计问题

　　怀尔德伍德的故事涉及了一些城市设计和规划方面的问题，社区、宜居性、流动性、公正性和可持续性已经表现出它们的政治性，成为报纸和杂志的论题。

　　怀尔德伍德人组织起来，与州公路局和县土地开发政策做斗争，这种斗争让这个社区团结了起来，当然，社区内部的诸种不一致总是不可避免的，怀尔德伍德人一直都对市长和市议会有争议。怀尔德伍德人面临的现实问题是，他们必须有意识地去创造出他们社区目标所确定的城镇，实际上，过去的城镇都是在日常生活中自然而然地形成的，现在却要人为地在他们居住地区附近建设起一个清晰可辨的城镇中心。

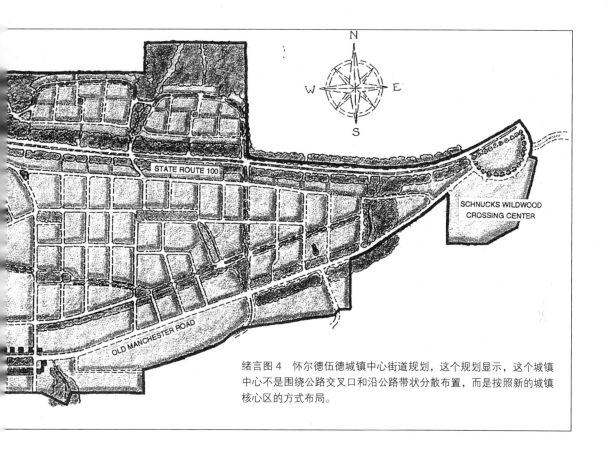

绪言图 4　怀尔德伍德城镇中心街道规划，这个规划显示，这个城镇中心不是围绕公路交叉口和沿公路带状分散布置，而是按照新的城镇核心区的方式布局。

　　我们在选择一所住宅时，实际上就包括了许多涉及适宜居住的决策，这些宜居性因素已经超出了住宅和庭院本身的边界：一所好的学校，社会治安，火灾和其他灾害的防御，工作出行时间，购物便利，适合于孩子成长，适合于老人长期生活。这一点也适用于城镇建设，怀尔德伍德的宜居性，也意味着需要满足这些条件，不仅如此，还要保持已有的条件：自然状态、蜿蜒的乡村道路，邦德和格罗弗的历史村庄，这些历史村庄是这个社区的发源地。

　　让汽车主导每一个城市设计决策，就会产生一个公路和停车场的世界，导致独立的办公楼、购物中心或公寓楼，同时产生出越来越大的车流，从而牺牲掉宜居性和社区。怀尔德伍德人的兴趣在于创造一个城镇中心，那里有人居住，有商店，有办公室，这种愿望实际上也反映了整个国家的愿望，建设 24 小时运作的城镇中心，在没有轻轨运行的情况下，一个城镇中心的紧凑程度是，足以让公交车运营起来，而布局设计则按照人们可以从一地步行到另一地的方式来安排。

　　在怀尔德伍德，没有几个人声称他们富足，当然，那里大部分人都是殷实的中产阶级。人们通常关注内城地区或内城周边比较老的社区集中了大量贫困人口这类区域公平问题，对怀尔德伍德人的日常生活影响不大。怀尔德伍德人认识到，怀尔德伍德的大型独立住宅和沿公路布置的商店多了一些；怀尔德伍德需要向具有比较小的住宅和公寓的社区转型。

在没有人口增加的情况下，计划修建的公路会进一步扩大圣路易斯都市区，由此而产生的问题涉及可持续性：是在以照顾后代的方式使用稀缺的土地和建筑资源吗？当新的开发已经导致水土流失和洪水时，人们关注对自然环境的保护，这是可持续性的重大问题。在怀尔德伍德，区域规划和修建性详细规划把土地当成商品而非生态系统，这是有目共睹的现实。正是因为把土地当成商品才使县里的官员们忽略了土地使用功能变更可能带来的不利于环境的后果，如许多社区本来是 100 年甚至 500 年一遇的洪水，现在则频频发生，当然，在土地开发法规上遗漏了这个关键问题的并非只有怀尔德伍德一家。

城市和郊区设计的新选区

社区居民参与规划曾经是一个令人振奋的创新。长期以来，规划都是"政治之外的"专业人士的工作；在编制规划过程中，让市民代表出席规划会议是一个很大的妥协。现在，没有任何一个社区在作出重大规划决策时不做公共咨询，但是，社区居民常常对整个过程产生急躁情绪。

区域规划变更和道路扩宽经常成为热门政治话题，地方规划委员会和地方议会过去从未遇到这类一拖再拖和争议不断的公众听证会。地方政府官员和区域规划委员会的成员希望的方案没有一个可以通过。

内城社区已经厌倦了等待地方政府住宅目标的实现或房地产市场的改善，他们自己形成合作组织，自己建设住宅。有些街区，甚至低收入社区的合作组织，使用他们的购买权，利用中心城区和内城地区的区位优势，正在向经济开发方向转移。

针对治安状况不佳和垃圾收集频率不够等问题，市中心和街区商业街的商人们组成了商务改善区。地方房地产税中新增一个子税种，当然，这份税收完全用于征税的地区。这笔税收能够用来偿付额外的垃圾收集和雇用保安，让顾客感到安全，雇用额外的工人，去打扫街道和人行道。商务改善区常常花钱做城市设计：创造景观，更换路灯和招牌，特殊铺装和其他公用设施。整个美国，现在有 1200 个商务改善区。

社区团体的成员们从影响他们的地方规划和城市设计纲要，发展到影响他们的区域规划策略，特别是自然景观保护方面的政策。在每一个选举年，越来越多的选举人在竞选纲领中包括了土地使用、保护和规划方面的问题，他们中许多人因此而获胜。甚至那些失败的参选人也是支持这些主张的。这种现象已经引起了政治家们的注意，他们曾经制造了郊区的蔓延，推动郊区蔓延的公路建设和贷款补贴，现在，郊区蔓延第一次成了敏感话题。

整个社区，甚至都市区域都在致力于描绘 2020 年和 2020 年以后的远景，以此作为决定政策的基础，如以"犹他未来联盟"的名义管理的"犹他畅想"制定过程，卡尔索普设计事务所具体投入编制。他们概括出四个远景，这些远景对公路的依赖程度不同，独立住宅对公寓的比例不同。大部分人选择了强调轻轨导向和步行导向的 C 方案（绪言图 5）。

有些这类工作脱离了与正常决策的联系，政策之间的内在矛盾常常没有充分暴露出来，当然，对于新型规划和设计来讲，参与到长期区域规划问题来的公众实际上成了一种选区。

到2020年的增长选择

考虑这些问题：按照以下的说明指出你的选择。不是要你提出你个人对未来的愿望，而是思考，你认为什么对整个区域最好

说明：(1) 按照论题，在你最希望的前景中，填实小圈；(2) 然后，按照重要性，给每一个论题排序，填实左边的1-9中的一个方块 (1=最重要，9=最不重要；没有任何两个论题可以得到同样的排序位置)

排序	论题	前景 A	前景 B	前景 C	前景 D
	样本	猫	狗	马	鱼
	交通选项				
	基础设施费用(亿美元) 1998—2020年 (交通、给水排水、工程设施)	380	300	220	230
	空气质量 (1=最好，4=最糟)	4	2	1	3
	水需求总量 (亿加仑)	3340	3110	2640	2510
	可以步行的社区 (步行去工作、购物、上学、轻轨)				
	独立住宅宅基地平均规模 (英亩)	0.37	0.35	0.29	0.27
	独立住宅对公寓、联排住宅比例	SF 77% Condos, etc. 23%	SF 75% Condos, etc. 25%	SF 68% Condos, etc. 32%	SF 62% Condos, etc. 38%
	新的土地消耗数量，1998—2020年 (平方英里)	409	325	126	85
	消耗掉的农业土地，1998—2020年 (平方英里)	174	143	65	43

选择一个前景：提出一个你选择的优先选项，决定它们如何混合起来创造一个2020年和更远未来的生活质量。这张报纸上所描绘的前景将告诉你，在大瓦萨奇地区什么是可行的混合。你可以选择一个前景，或选择你最愿意的两个之间的一个点。如果你感到前景A或前景D应该在某方面进一步展开，你可以选择我们列举的这些前景之外的一种选择。

前景 A   前景 B   前景 C   前景 D

绪言图5　这是"犹他畅想"选票的一部分，它旨在帮助市民参与规划过程，方案C最终胜出。

支撑城市规划和设计的组织

"国家历史保护信托"是拯救历史性建筑，后来扩展到保护整个历史保护区、历史的保护的中心城区的倡导组织，现在，这个组织还涉及区域规划和增长政策方面的问题。最近，这个组织公布了对其他致力于这类问题的组织的调查报告，这份报告的名字是《挑战蔓延》。"国家历史保护信托"发现，20多个国家范围的私人组织正在致力于增长政策方面的工作，包

括"塞拉俱乐部"、"自然资源保护协会"、"新城市主义大会"、"美国农田信托"和"地面交通政策项目"。这份报告还描绘了19个州的市民团体和9个区域组织的工作，包括"旧金山绿带联盟"、"纽约和新泽西区域规划协会"、"芝加哥都市规划协会"。这份报告没有包括商业机构，如商会（Chambers of Commerce）、专业组织或地方社区组织。

在这些组织中的人们并非在每一件事上都会达成一致。只有"新城市主义大会"和"国家历史保护信托"有专门的设计纲要。正如"南卡罗来纳海岸保护团"的领导人达纳·比赫对一群联邦政府官员所说的那样，"这里的核心命题是，需要改变美国增长着的城市和城镇人类聚居地的模式和位置"。这是一个如"纲"一样的问题，各种问题围绕它而聚集到了一起，正如比赫所说，"对湿地发生兴趣的城市十字军战士，为濒危物种呐喊的交通改革者，与农田保护者站到一起的棕地开发倡导者"。组织起来的公众中，很多人都对规划和城市设计充满了兴趣。

大都会

《大都会》（Metropolitics）的作者和明尼苏达州议员迈伦·奥菲尔德认为，如果旧城中心的居民与生活在近郊区的人们一起行动的话，他们有许多需要共同关注的问题，如学校资金的均等化，停止对远郊基础设施的补贴等，旧城中心的居民与生活在近郊区的人们能够支配大多数州议员，甚至联邦众议院。怀尔德伍德的故事证明，旧城中心的居民与生活在近郊区的人们所形成的联盟，也会得到远郊区居民的支持。能够把这些选区统一在一起的问题，一定与城市设计有关：区域交通、多种类型住宅和工作跨区域的分布、紧凑的和宜居的社区、通过限制远郊增长而实现区域的可持续发展和保护自然环境。

房地产市场能够设计城市吗？

商界和学术界都对规划和城市设计进行着批判，他们都认为，他们有办法解决城市和郊区发展问题，这个办法就是，让房地产市场自由运作。房地产市场效率主导一切，让房地产市场决定个别的建设选择。乍一看，这种办法甚为简单。实际上，这是一个激进的和没有经过实践检验的观念，让房地产市场自由运作的后果会改变整个经济。

私人投资的确推动着房地产开发，决定着如何使用大部分旧建筑。在哪里生活，住多大的住宅或公寓，付什么样的价格，房地产市场确实给公众提供了若干种选择。房地产市场还影响着工作场地和商店的选址。但是，假定所有的公路都成为收费公路，结果会是什么样？高速公路给新的开发打开了广大的区域；如果采取道路收费，高速公路还能做到这一点吗？如果用水者偿付所有公共供水系统建设费用，那么，菲尼克斯或洛杉矶的开发经济将是何种状况？如果基础设施的使用者偿付全部的桥梁、下水道系统和其他基础设施的建设费用，结果又会是什么样呢？如果所有的联邦和州里的收入税中没有关于折旧、贷款利率、地方房地税、企业区选址上的优惠，联邦和州按百分比平分税收的话，会发生什么情况呢？如果没有联邦贷款担保，没有联邦政府机构出面组织的次贷市场，没有区域规划或修建性详细规划法规或建筑规范，没有环境影响评估或增长边界，没有污染控制法律，没有控制工作场地的法律，房地产投资市场会是个什么样子？

有关城市的重大决策并不是由市场作出来的。道路、桥梁、给水排水系统、机场、学校、停车场、会展中心和其他公共承诺，如贷款担保，保障了一些投资机会的安全，从而房地产投资比其他投资更能获利。临时削减房地产税，对历史保护提供的征税优惠或给净收益征税优惠，在折旧和贷款利息上的征税优惠，实际上都是对房地产市场的公共投资，正是因为这种公共投资具有间接的性质，所以，公众很难对这种公共投资实施监控。联邦政府对洪泛区的管理，地方区域规划和修建性详细规划规范，平整土地和树木保护法令，其他许多开发法规，都在决定着开发商能够在一个地方建设什么。

如放弃贷款利息减税政策，放弃联邦政府对洪水保险的支持，简单地迈向自由市场这种观念还有可能得到政治支持吗？事实上，大部分这类有关放任市场的主张，都是针对受到某种特定规则约束的个别房地产开发商而言的。

公众对城市设计的兴趣

谁设计了当今这些分散化了的大都会呢？没有任何一个人，但是，它也不会是偶然出现的，任何新的建设都是一个漫长的决策过程的产物。建筑必须符合开发规则和建筑规范。办公建筑、商业中心、住宅和公寓必然是私人投资的。道路、学校和桥梁均由政府买单，其走向和选址都是经过公开讨论的。政府如此庞大，所有新的开发要满足公共利益，建设比较好的社区，保护自然环境，没有一个不是重要的。但是，所有这些经过思考的决策合到一起，会产生出一种综合效果，这种综合效果可能不在控制范围内，如果每一个个体决策都是有意义的，那么，我们需要有一种把个别决策协调成为一个整体的机制。如果我们想要看到整个过程的管理更为有效率，应该考虑到如何和怎样作出当前的决策。究竟是什么导致了决策产生出意想不到的负面后果呢？

对美国区域发展产生最重大影响的是交通规划，影响相对小一点的是给水和污水处理设施的建设。多年来，公路规划师一直都在设计新的道路，以满足当前需求，他们始终都没有考虑，通过改变公路附近土地使用功能而给新的公路所带来的交通流量。结果是我们有目共睹的事实，没有规划的开发和没有预计到的公路拥堵。供水和排水系统要承载那些由新公路建设带来的房地产投资及其产生出来的给水排水需求。环境保护一直都处在第二位；交通系统打开了新土地开发的大门，而没有计算相应的土地承载能力。环境保护的倡导者们都是以后卫的角色出现的，去保护他们认为最重要的东西。

现在，美国大约有 1/4 的州已经有了某种增长管理机制，这种增长管理的基础是，切断增长边界以外的州里资助的项目，或把公共资金投向建成区。我们需要认识到，有些增长管理方面的冲突，可以通过区域规划设计来解决。公路和轻轨路径能够构造整个都市区域。

为什么需要比较好的地方决策

美国大部分土地使用规则，都是以 20 世纪 20 年代美国商务部编制的法律、区域规划规则和修建性详细规划规则为基础的，当时的商务部长是赫伯特·胡佛。虽然现代区域规划规则已经有了很大的发展，但是，现代区域规划规则还是不能有效地处理现在办公园区和成片住宅的尺度，或者说不能有效地处理大型的和综合的建筑类型，如区域购物中心。20世纪20年代还没有这种购物中心。按照地方法律，每一个新建项目都必须得到规划批准。但是，地方区域规划和修建性详细规划规则常常产生公众或开发产业没有真正要预见到的结果。实际上，在地方区域规划和修建性详细规划规则中，我们能够看到城市蔓延的大量原因。沿公路延伸开来的无边的商业开发带，实际上是执行区域规划的结果；在同样大小的宅基地上建设同样规模的郊区住宅，形成成片的居住区，其实也是源于区域规划的。按照修建性详细规划的要求，必然导致大规模平整土地的郊区开发方式。

地方区域规划和修建性详细规划规则实际上已经成为大部分新开发的方案本身，如果改变它们，当然会在社区设计上产生巨大变革。区域规划仅仅是一个机制，怀尔德伍德的人们已经认识到这一点，人们能够利用区域规划来保护环境，鼓励建筑类型混合的街区，把城镇中心建设得紧凑一些，让那里可以步行。

房地产业也应该变化

典型的区域规划法令要求土地使用专门化，这就鼓励了开发产业的专门化。使用办公空间的面积或住宅单元数目，"产品"，来计算结果，而不是用建设新的城镇中心或街区的成功与否来计算结果。

提供贷款的机构一直都在鼓励使用定量数目来做房地产交易，而不是用那些不那么可以计量的因素（如建筑质量和周边社区环境）来做房地产交易，当然，建筑质量和周边社区环境这类因素对贷款机构作出决定很重要。投资信用中的房地产保险同样强化了产品类型的专门化。这些机构认为，多用途有比较大的风险，比较难以确定其价值，住宅或办公室就是分开计算的，有着不同的供应和需求周期。多用途的可能性能够相互促进，但是，很难定量统计如优势这类东西。即使在评估多用途开发时，大部分投资者实际上还是考虑着这个开发的不同部分，仿佛每一种活动都处在不同的位置上。

现在，有些开发公司已经开始强调社区建设了，把社区建设看成其开发的产品，把自己定位为中心城区居住零售混合开发的专家，或规划城镇的开发商，一些借贷机构正在寻找长期价值的标准，如处在产生24小时活动多用途区位上的房地产。现在，已经有了许多建设比较宜居社区的优秀设计案例，它们有些是紧凑型多用途商业开发。紧凑型多用途商业开发最有可能出现在市中心，而不是办公园区或购物中心里。我会在以后的章节里讨论这类优秀案例。如果这些挑出来的案例果真成为发展方向，那么，从这些案例中总结出来的原理，能够在长期的过程中使城市和城镇成为设计的产品，而不是其他目标的产品。

跳过老区如何？

对于那些衰败的老郊区，那些被遗弃了的工业场地，那些贫穷和犯罪支配了的已经摧毁了一半的城市街区，城市设计能够做些什么呢？在城镇中心的更新历史中，我们能够看到未来政策的端倪。自 20 世纪 60 年代以来,城市中心一直都应对郊区购物中心和办公园区的挑战。城镇中心具有大量的工作岗位和房地产价值,城市政府有义务去保护它们,在这方面,有许多成功的经验,我会在本书中来讨论。

城市官员们已经认识到,通过保护历史性建筑,鼓励拥有音乐、歌剧和舞蹈等功能的表演艺术中心,用特殊零售商店和娱乐店替代那些早已没有市场的老式商店,建设会展中心,补贴旅馆酒店,支持市中心办公建筑修建车库等,都能成为恢复城市中心特殊性的重要举措。地标性地方的建设,强调街道景观的改善,更新滨水地区,建设城市广场,一直都是美国城镇重新定位的重要部分。所有这些公共资产旨在把游客吸引到城镇中心来,鼓励现存的商务活动继续留在城镇中心。这些都市中心的公共投资数额巨大。许多年以来,联邦政府一直都以各类项目的方式向城市中心的振兴提供资金,城市也对此动用自己的财政资金。

以城市各自特有优势为基础而展开的建设,的确让一些比较小的城镇中心和商业街区得以复苏,让一些城市街区重新恢复了生机,特别是一些历史街区。这些地区有若干资源优势,如现存建筑的保有量,完整的基础设施,通常处于大都市区的中心位置上,去克服我们都熟悉的大城市问题。

现在,我们有了一批振兴主要商业街、重新使用工业建筑和恢复城市街区的优秀案例。当然,我们的建设曾经出现过不少错误,如绕过了具有竞争性的老城区,把建设重点放到新郊区上。实际上,我们是可以在城市更新的高峰期,把那些资金用到城镇中心地区的。联邦政府的"各地人们的住宅机会第六号项目"就是纠正这类错误的住房项目,把那里改造成为混合居住街区的一个举措(参见第 7 章)。如果土地能够连成片,消除污染问题,旧城区的价值将会大大增加。因此,应该有某种财政机制去支撑那里的更新改造,而更新改造所创造的新的房地产价值能够返还这些公共投资。

本书是如何安排的

这本书可分为三个部分。第一部分,阐述了五个基本原则:社区、宜居性、流动性、公正性和可持续性,说明了在这些领域的决策,如何形成了城市设计每一个方面的背景。第二部分,描述了如何建设新的街区,如何恢复衰退的老街区,如何保护和改善总的居住环境;如何改造边缘城市、商业带和失败了的购物中心;然后,说明了保护和提高老商业街和城市中心的途径。第三部分涉及实施操作问题:街景和公共空间的其他方面,能够综合成为开发规则的设计指南,能够推进城市和环境设计的机构的建设。

城市和区域设计的日益增加的政治选区,开发产业中对社区建设的关注,在所有尺度和每种区位上出现的大量城市设计的成功案例,都预示着我们有可能建设比现在好得多的自然环境。

第一部分　原理

第1章 社区：生活始于足下

瑞典建筑师扬·盖尔（Jan Gehl）有一句名言："生活始于足下"（Life Takes Place on Foot），他敏锐地和富有同情心地观察了人们之间的相互作用和人与周边环境的相互作用。盖尔认为，人们还是需要过去日常生活中曾经有过的那种邂逅，当然，由于小汽车、计算机和网络进入人们的日常生活，这类不期而遇少了许多。

盖尔曾经得出这样的结论：通过相对简单的机制，就能够创造出人与人之间复杂的相互作用。人们寻求那些把他们带到公共空间里去的必要活动。如果这些公共空间的环境不好，人们会尽可能快地从那里悄然而过。如果这些公共空间的环境诱人，那么，人们会流连忘返，在那里从事盖尔所说的各种选择性活动：在夏季里，人们会在凉爽的地方坐下来，稍事休息；而在冬季里，人们在那里晒晒太阳，或者漫步走过那里，享受生活，或者喝上一杯咖啡或茶，看看雕塑或喷水池。一个公共空间里可以选择的活动越多，人们偶然相遇或与陌生人交谈的可能性就越大，盖尔把这类活动称之为合成的活动，即社交性活动（图1.1，图1.2）。

盖尔认为，传统的街头巷尾和街头小广场所产生的社会交往是一端，丹麦大多数住宅区里的开放空间或大型机构的停车场所产生的社会交往是另一端，后一种开放空间里充斥着供汽车使用的道路，却没有几条与建筑相邻的街道。他认为，城市设计师们能够设计新的建筑组团，这些建筑组团具有与传统城镇相似的特征，盖尔的研究发现，传统城镇的布局模式依然有利于培育人们之间的社会交往。

与盖尔同时代的一位美国城市学家，威廉·怀特（William H. Whyte）也对纽约和其他美国城市中人们聚集和相互作用的场所进行了研究。怀特曾经对一些反社会活动的地点与那些安全的和受人们青睐的地点做了比较，在此基础上，怀特也提出，城市设计能够改变人们在公共空间的行为。怀特还是一位富有情趣的观察者，他观察到，人们在公共空间赋予自己一种形象，以这种形象与其他人所表现的形象相互作用。怀特在盖尔的结论上再增加了两个元素：第一，给公共空间提供可以移动的椅子，这样，人们可以创造他们自己暂时的环境；第二，在公共空间里，创造多种活动，从而把公共空间调动起来。在一个公共空间里和围绕一个公共空间，这种活动越多，越能吸引人们，而人们越能把他们的路径与这个公共空间交叉起来，

图 1.1　这是美国马里兰州贝塞斯达的市中心，人们围绕一个喷泉展开了有选择性的和社交性的活动，这个城市设计由那里的市政部门完成。

建筑环境品质

	差	好
必要活动	●	●
有选择的活动	·	⬤
"合成的"活动（社会活动）	●	●

图 1.2　这是盖尔画的一张示意图，说明户外空间品质与户外活动发生率之间的关系。

这样，盖尔所说的"合成的活动"就会出现。

凯文·林奇（Kevin Lynch）在他的《美好城市形式理论》（Theory of Good City Form）[1]一书中同样关注了一个成功的公共空间的元素，如通过感觉认可的空间，建成环境适应或不适应行为模式的方式。与盖尔和怀特相比较，林奇对公共空间设计的观察更为细腻。林奇探讨了这样一些问题，戏剧性事件和惊奇在空间设计中的功能，人们使用空间的方式不一定是设计师所预见到的方式

在《眼睛的意识，城市的设计和社会生活》（The Conscience of The Eye，The Design and Social Life of Cities）一书中，理查德·森尼特（Richard Sennett）提出，设计不能解决城市里的社区问题。他认为，担心与陌生人接触导致社区的缺失，而这种担心深深地积淀在我们的文化中。他使用历史和文献，以及他个人在纽约城里步行的经历，解释了他对这个问题的研究。R·森尼特研究了各种群体的基本文化差异，研究了他们避免相互交往的方式，甚至当不同群体的人共同使用一条人行道时，如何避免相互交往。森尼特的研究明确地提出，沿着这些人行道，几乎没有几个地方能够满足盖尔、怀特和林奇所提出的那些最基本的方案。强调在公共空间建立起实际社区的困难方面，尤其对于特大城市来讲，R·森尼特的看法可能是正确的，然而，的确存在许多设计改善方案，能够使公共场所更令人愉悦，让人们进行更多的社会交往。

现代公共空间的起源

传统的公共空间并非是刻意为休闲而设计的。用作市场的那些人头攒动的街头巷尾，实际上是功能性场所。由于人们到取水处去为他们的家庭取水，所以，水源成为人们会面的场所。在世界的许多地方，这些功能性的场所至今仍然承担着它们的功能。

宫殿前或宗教建筑前的广场曾经是用来举行仪式的。在文艺复兴时期，公共空间开始被装饰起来，以产生出视觉上的形式，这些形式早已出现在绘画、花园和舞台布景上。[2]建筑沿中轴线对称布置，通过拱廊和柱廊改变了建筑立面；相同的设计常常用于一个广场周边的所有建筑。对那些长的且笔直的街道来讲，通常利用公共建筑或市场作为一个中断点。当时，大部分这类改造都是围绕仪式展开的：为上层社会人物经过一地而改善的街道环境，重要人物到达的地点和他们进入一个宏伟建筑的入口处，都能够产生出适当的印象（图 1.3）。在《公共人的陷落》（The Fall of Public Man）一书中，R·森尼特探索了许多这类空间的命运，随着城市生活中礼仪特征的消退，许多这类空间的意义也不复存在。

18 世纪 80 年代，"巴黎皇家宫殿"转换成为所谓的购物和娱乐中心，1732 年开放的伦敦"沃克斯豪尔花园"，它们都是早期用于休闲活动的公共空间。英国娱乐性花园成为哥本哈根的"蒂沃利"公园的前身，最近出现的主题公园也是这类公园的后裔。

1　此书 1984 年再版时，作者将书名改为 "Good City Form"，中译本书名为《城市形态》。——译者注

2　塞利奥（Serlio，1475–1554）绘制的"戏剧场景"和"悲剧场景"最好地描绘了那个时代的公共场所。——译者注

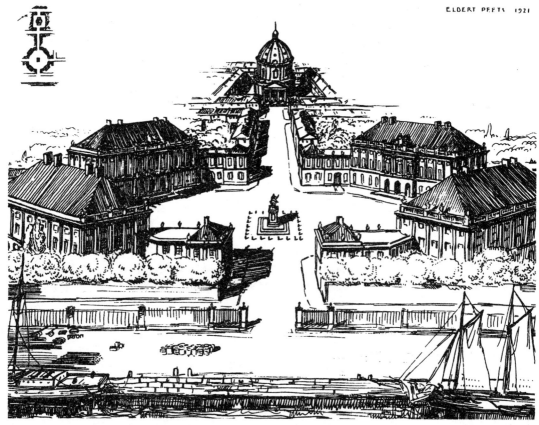

图 1.3 埃尔伯特·皮茨（Elbert Peets）所画的哥本哈根阿马林堡宫，最初，那里是建于 18 世纪后期的四幢贵族家庭使用的住宅。背景上的那个大理石装饰的教堂有自己的市民广场，通过一条用于仪式的大街与这个宫殿连接起来。这种城市空间明显是一种权力和社会地位的象征。

17 世纪和 18 世纪的新英格兰公共用地曾经是拴牛的地方，当时，这些地方使用过度，非常肮脏，粪便随处都是，并没有那种绿地环绕着一幢白色楼阁的景象。19 世纪的创新是对每一个人开放的村庄绿地，就像纽约的中央公园，加盖一个中央大棚之类的公共空间，把人造建筑和处于自然状态的环境混合地设计在一起，以吸引来自不同社会群体的人们，分享这样的公共空间。

沿街而展开的拱廊和商店一直都是商业场所，直到 19 世纪，这样的商业街才成为公众休闲散步的地方，巴黎的林荫大道就是一个典型。欧洲的咖啡店，把座椅摆放到人行道上或公共广场里的历史，其实并不久远，步行街或步行区更是最近 50 年出现的现象。哥本哈根步行街（Stroget）是第一代购物区之一，1962 年，这个地区的 5 条街完全禁止车辆通行，仅供步行者使用。美国的丹佛、明尼阿波利斯和其他一些城市市中心的步行购物街依然存在，而许多美国城市的这种步行街早已不复存在，它们重新向车辆开放，因为禁止车辆通行使得这些街道在一部分驱车而过的人们的心理上消失了。欧洲的情况不同于美国，欧洲历史悠久的城市中心一般都是大量人口生活的地方，公共交通成为人们日常生活的一部分，在那些地方开发建设购物中心等项目依然是受到限制的，所以，在这些地方，步行街和步行广场还是很成功的，尤其对于那些延续街头漫步习惯的国家，更是如此。

美国的公共场所能够像欧洲的公共场所那样，成为人们出行时顺便闲逛的地方吗？

让公共空间吸引人

高大的建筑物需要一个围绕它的空间，所以，建筑师们开始设计广场以便给这类高大建筑提供一个适当的周边环境。这些广场并不一定总是刻意设计来吸引人们在那里消磨时间的。之所以建设这类广场，是为了给到这座建筑来的人们留下一个印象。这些建筑的业主们常常在这些广场的边缘地带安置一些尖状物，从而阻止人们在那里坐下或躺下，整体小气候常常并非十分友好，因为建筑高大，刮风时形成向下的气流，在炎热的夏季，建筑反射的阳光令人目眩，而在冬季，这类广场形成的暴露面积规模很大。

在高度通行地区，这种没有吸引力的地方成为"反社会因素"产生的地方，它们吸引了毒品贩子，它们降低了业主和建筑师期待创造的那种公司至尊的氛围。另外，有些这类公共空间曾经接受过政府的奖励，设想公众将因此而获益，而不是受到干扰。

怀特和盖尔都使用过图示方法记录下人们究竟如何使用公共空间。盖尔的意大利广场图揭示，人们乐于在广场周边的拱廊里逗留，而不是在暴露的开放空间里逗留（图1.4）。怀特所做的纽约施格兰建筑前广场图显示，人们乐于在台阶上坐下，或沿着边缘的墙壁席地而坐，这样，他们可以看着人行道上匆匆而过的人们（图1.5）。从这些观察中，我们可以得出一些一般的设计原则，我们将在第12章里对此进行详细讨论。

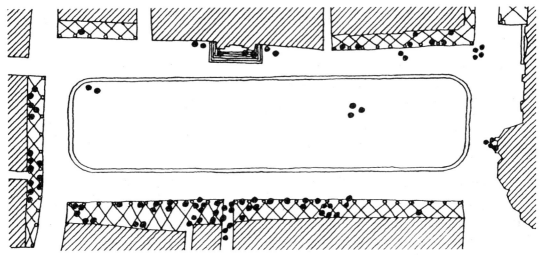

图1.4 盖尔对人们在城市广场里聚集的地方所做的调查。调查地点是意大利的阿斯科利皮切诺市。几乎所有的人都选择了在广场周边地区避风遮阳的地方逗留。

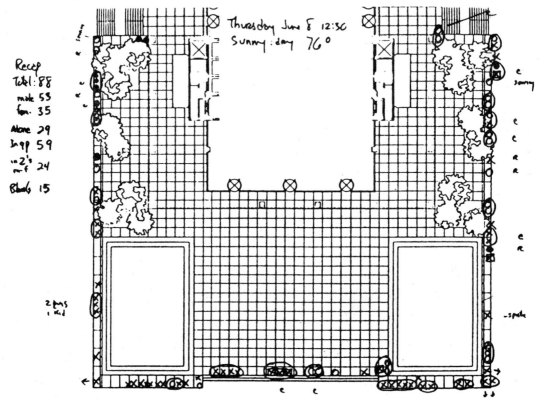

图 1.5　怀特对纽约施格兰建筑前广场所做的调查，调查时间是 6 月炎热夏季的午餐时间，Xs 为男性，Os 为女性，围绕 Xs 和 Os 的圆圈表示一组人。

空空荡荡的广场：人们还需要公共空间吗？

20 世纪 70 年代，怀特和盖尔紧随简·雅各布斯（Jane Jacobs）著名的比较研究，分别撰文讨论了公共空间，当时，他们是把公共空间作为设计问题来讨论的。在此之前，雅各布斯曾经对格林威治村（Greenwich）的一条充满社会生活气息的街道和一个公共住宅小区里的冷清的和危险的公共草坪空间进行了比较。

现在，世界上的许多地方都把创造社区意义作为一个比较大的设计问题，而不再仅仅只从形体上去注意单一的街道和广场。在最近出版的《保护》（Preservation）杂志上，艾伦·埃伦霍尔特（Alan Ehrenhalt）发表了一篇题为"空寂的广场"（The Empty Square）的文章，在这篇文章中，他提出了这样一个问题："如果偶然发生的社会邂逅存在于社会生活的核心，那么，人们到哪里去呢？"在美国的大部分城镇，必要的活动都通过汽车去实现，这样，发生偶然社会邂逅的机会已经大量减少。上下班时，从家里的车库到单位的车库或停车场。只有从车库或停车场到办公室去的这一段路需要步行。购物和办事都是驱车到达所要去的目的地。学校、教堂、俱乐部、餐馆、电影院，每一个都是一个独立的目的地，驱车前往。大楼前的广场空空如也。人们驱车去健身俱乐部，在走步器上步行。

建筑师、景观建筑师和城市规划师们现在都在讨论,建设公共场所是否还那么重要的问题。如同传统城镇里的人们那样,这种公共场所允许人们相互接触,是否今天的生活需要完全不同的东西。那些称他们自己为"新城市主义者"的人们,同意怀特和盖尔的观点,传统的街道、广场、滨海走廊和公园依然是城市设计的基本内容,这是一种观点。而与此相对立的另一种观点,如荷兰的建筑师库哈斯(Rem Koolhaas)认为,能够设计城市的观念是建立在没有经过考察的哲学假设上,现代交通和通信,尤其是互联网,已经使传统城市空间成为过去。一位计算机技术专家米切尔(William J.Mitchell)曾经写了一篇"e托邦"(e-topia)的文章(题为"城市生活,吉姆,但是并非我们所了解的那样"),提出技术和行为的相互作用是非常复杂的,以致不允许我们做出简单的启示录式的结论。米切尔提出,如果我们要对新技术把我们引向何方作出适当的估计,那么,我们必须全面地观察人们的工作和他们的个人生活。选择离开他们办公室和住宅的大部分人是因为计算机让他们从工作中解脱出来,他们高兴待着的地方并非山顶,而是小小的乡村社区,或类似的城市中心,如波士顿或旧金山,确切地讲,那里允许他们有可能进行面对面的交流。许多电子邮件是关于会面的。酒店房间和会议中心的需求似乎正在增加。米切尔提出,人们对生活在或接近社会相互作用频繁的地方越来越感兴趣:老城市中心,郊区城镇中心,老的功能混合的街区,这些老城市中心的仿制品以及休闲胜地。米切尔的结论是,场所的力量依然盛行,人们依然青睐那些具有文化、景观和气候特征的地方——"它们都是不能通过一根线引来的举世无双的品质"——人们仍然关切面对面的交谈。

建设场所是一个很大的社会问题

　　威廉·利奇(William Leach)在他的《流亡的国家:美国生活场所的毁灭》(Country of Exiles:The Destruction of Place in American Life)一书中提出,高速交通、人们日益倾向变更工作和搬迁,旅游业产生的人工环境,大学里的全球化政策、自由贸易和政府的其他国际政策,都在使美国人不断迁徙,失去他们的根。这些命题都是有关公共空间相对更大整体环境重要性争论的延伸。雷姆·库哈斯在《小的、中的、大的和超大的》(SMLXL)一书中看到了利奇所看到的现象,其结论是,这些倾向是令人振奋的和解脱的,相反,利奇强调,无场所导致社会不稳定,更高的犯罪率、更不关心他人的权利。托尼·希斯(Tony Hiss)[1]在《场所的经历》(The Experience of Place)中描述了他对一些人的访谈,那些人返回到他们原先居住的地方,发现那里的新开发已经完全改变了原状,那里再也没有场所了,结构混乱。希斯提出,美国的未来不同于它过去那样可以无限度发展。如果我们相信人口预测的话,那么,未来50年,美

1　希斯是一个纽约人,一个在纽约工作的人,一个对昔日纽约景观充满怀念的人。他是教授、作家和环境保护主义者。他的学术活动集中在美国的城市更新和景观设计上。从1994年至今,希斯一直在纽约大学研究生院工作。现在,他正在推行他领导的一个叫NatureRail的项目。这个项目的目标是恢复纽约城郊铁路沿线的土地和自然景观,为整个纽约大都会的人们创造一个自然的休闲场所。他还是许多改善纽约大都会区自然环境和文化遗产保护项目的主持人。他的著作《场所的经历——用一种新方法去观察和处理我们日新月异的城市和乡村》(The Experience of Place:A New Way of Looking at and Dealing with Our Radically Changing Cities and Countryside)(Vintage Books USA,1991),对城市设计影响很大。——译者注

国的建筑环境会充斥全部美国。库哈斯说，今天所建设的场所不需要遵循我们熟悉的历史模式。这是正确的，然而，城市设计师所面临的挑战是，要确保现在建设的新空间，同样满足人们的需要或更好一些，而不是在增长和变化中失去人们需要的场所。

设计社区以及公共空间

过分长的上下班时间，占据了我们的休闲时间或与家人在一起的时间。通过建设新的道路来减少交通拥堵几乎从未成功过，因为道路吸引了更多的开发和更多的交通流量。在家里工作和电子通信的新模式将减少交通拥堵。但是，让工作场所和居住场所更近一些，才是解决城市交通拥堵的真正办法。

传统大街曾经是在人们从一个地方步行到另一个地方时，与他人不期而遇的地方。现在，零售开发设计师正在试图按照一个地区一个停车场，多条道路到达不同目的地的模式建设零售区，鼓励人们相互作用和交流，创造不同零售企业之间的协调合作。这种倾向会使得公共空间更显重要。

哈佛大学经济学院（Harvard Business School）教授迈克尔·波特（Michael Porter）提出这样的假设，要使一个城市或区域更具有竞争性，需要鼓励所谓经济"簇团"（clusters）的发展，经济簇团涉及相关产品之间的联系，与探索这些产品创新的实验室相联系，与从事相关产品生产的劳动力队伍的培训、专业协会和社会组织及行业联系。这种假设提出，工业区位在很大程度上与居民选择社区一样，只不过在共同利益上有所不同而已。成功的经济簇团，需要广泛的相互作用活动，而它们之间相互接近使得它们的相互作用更为有效率。与旧的模式相比，经济单元的位置可能是分散的，但是，星星点点散布开来的没有联系的工作场所对经济活动不利。

20世纪40年代，曾经出现过大规模住宅开发，如长岛的莱维敦，开始实施地方区域法令，这种分区法令规定在一个很大区域内开发相同规模的住宅，具有相同规模的宅基地（参见第101页），从而让建筑商把他们自己看成是一种产品生产者，而不是一个社区的生产者，甚至在他们正在开发相当规模的城镇时，也没有意识到他们正在建设一个社区。现在，建筑商有意无意地认识到，他们正在建设社区，而城镇正在认识到，街区规划比起那种具有相同密度和相同大小宅基地地块的区域规划要好。

对工作场所和居住区进行规划，让它们相互之间靠得更近一些，设计一个停车场的购物区，建设自我相互促进的经济簇团，把各式各样的活动联系起来，建设拥有多种形式住宅的邻里，把学校融入周边的邻里里，这些都将在长期发展过程中让人们之间的相互交往更容易，更具有社会意义。在本书有关邻里、商业中心和市中心等章节中，我们将探讨如何通过场所建设而形成城镇的社区感的方式。

图 1.6 巴特里公园里的长凳能够成为大城市中孤独者的一个去处，或成为家庭和群体的去处。使用最简单的传统元素就建设起了这个独特的场所，当然，每一种元素都是小心翼翼地和高质量地设计的。巴特里公园的设计师是汉纳（Hanna）和奥林（Olin）。

第 2 章　宜居性：旧的和新的城市观念

人们对美国的宜居性危机议论纷纷。今天，几乎每一个美国人都生活在一个世纪前的人们可望不可及的舒适和安全水平上，这种水平对世界上许多地方的人们来讲，依然还是不可想象的事情，既然如此，人们怎么还会议论起宜居性这个问题呢？大部分美国的社区都有铺装好的道路，都有自来水、下水道、煤气或天然气和电力设施。电话和其他通信设施也一应俱全。警察、消防和紧急医疗救护等公共服务均随叫随到。美国有完善的公立教育系统。社区里有公园，对重型制造业所产生的噪声和污染均采取了防护措施。住宅建设业所开发的住宅均有设备齐全的厨房设施、豪华的厕所和浴室，有效率的供暖和制冷系统。大部分新住宅都有私家花园和私人停车空间。标准化的住宅单元现在不到住宅供应的 5%，有些处于空闲状态。

同时，美国还有许多不尽如人意的地方，那些贫穷街区里不良的自然环境，不便利和混乱规划的郊区住宅区，一些地方还有与拥堵的地方公路并行的无尽头的购物街和连锁商店，平淡无奇的办公园区和替代了传统市中心的区域购物中心。在我们的私人住宅里和工作场所，我们的生活并非更好了；问题出在公共环境上，出在我们的家和生活让我们聚集在一起的方式上。

现在，宜居性成为了城市设计的一个主题：不仅仅是正在建设的城市，而且还有如何建设城市的问题。有一种令人尴尬的认识，在比较老的城市和比较新的郊区出现的问题能够追溯到早期的改革和改善工作。为了理解现在人们对宜居性的认识，了解一点这些认识的历史由来，讨论一下设计专业看法不一致的那些主要问题，一定是有益的。

现代主义城市设计

20 世纪早期，出现了一场现代建筑和规划的革命。现代主义者了解他们所反对的是什么：拥挤不堪的不卫生的贫民窟，用历史元素包装起当代结构和制度的那些矫揉造作的建筑。现代主义者要打破建筑和城市，抛弃那些不必要的装饰，放弃老式的空间划分、传统的街道和广场。

20 世纪 20 年代，瑞士出生的法国建筑师勒·柯布西耶（Le Corbusier）因为他的由简单几何块构成的宏伟公寓和办公塔楼构想图而闻名。巨大的公园和广场把这些简洁的建筑物分割开来，高速公路成为组织和联系的方式。1935 年，当勒·柯布西耶乘船跨海来到纽约时，从港湾角度所看到的纽约摩天大楼的第一印象，让他不知所措。上岸后，他发现纽约的高层建筑并非他预想的那样。"纽约的摩天大楼太小了，而且太多了"，人们当时常常引用他的这段话。"这些摩天大楼已经摧毁了街道，让交通处于停滞状态"。勒·柯布西耶的解决办法是，推倒所有的东西，他设想，创造出来的开放空间比起那些房地产累计起来的价值更大，他所画的草图（图 2.1）显示了他的设想。清除这些摩天大楼，曼哈顿的大部分街道也将消失，替代这些街道的交通主干线将形成细胞或超级街区。"步行者将会得到覆盖整个地面的公园，通过单向高架桥小汽车以每小时 100 英里的速度在摩天大楼之间穿行，单向高架桥以一定距离设置。"勒·柯布西耶设计图的每一个塔楼都有自己的停车场。在这些草图上，没有什么需要在这座城市里建设的东西；如果在一片开阔地上实现勒·柯布西耶的这些设计要容易得多。

这些小小的草图和寥寥数语究竟言中了世界现代城市已经发生的多少事情是显而易见的。宜居性的一个最基本的现代主义标准一直都是地面上的开放空间，加上从高层建筑上看到的开放空间。现代主义的另外一个标准是，高架公路上机动车的高速运动，不那么强调轻轨快速交通。原先存在的开发应该给新的现代主义的开发让路，同样种类的城市生活既适合于城市，也适合于乡村，这两个假定至今依然有着影响。高层建筑和停车场与公路相连接已经成为城市、郊区和乡村司空见惯的事情。

现代主义城市设计的早期影响

现代主义有关开放空间围绕住宅的想象，的确引起了住宅改革者们的兴趣。比较大的建筑加上周围的开放空间和花园能够替换掉那些拥挤的令人窒息的住宅，同样数目的居民住在比较大的建筑里，而空气和阳光却充足多了。居住在这些新公寓中的居民们将会享受到现代室内管道系统、厨房设备和中央供暖，这些都是棚户住宅所缺少的东西。当时，美国住宅项目很快吸收了现代主义的设计观念。1940 年完工的波士顿查尔斯顿住宅项目就是这样（图 2.2）。

马里兰州的格林贝尔特建于 20 世纪 30 年代，当时美国政府正在推行罗斯福总统的新政（图 2.3）。这类实验性质的新城镇能够看到现代主义的郊区设想，当然，这种郊区设想并非勒·柯布西耶的。这个设计受到欧洲 20 世纪 20-30 年代期间现代主义住宅运动的影响，包括英国的花园郊区，克拉伦斯·斯坦（Clarence Stein）及其同事在美国做的工作。刘易斯·芒福德（LewisMumford）解说了 1939 年的一部名为《城市》的电影，这部电影是由美国规划师协会编制的，它描绘了工人们如何能够离开他们摇摇欲坠的贫民窟，如匹兹堡的贫民窟，那里的居民要到室外去取水，儿童们只能到铁路上去玩耍，住上花园式的公寓或小型的成排住宅，如同格林贝尔特那样的新住宅，工人们有自己的内部开放空间，住宅里有了很多窗户，他们在公共蔬菜花园里有自己一小块地。儿童沿着与车行道分开的绿茵小道步行或骑车去上学。妈

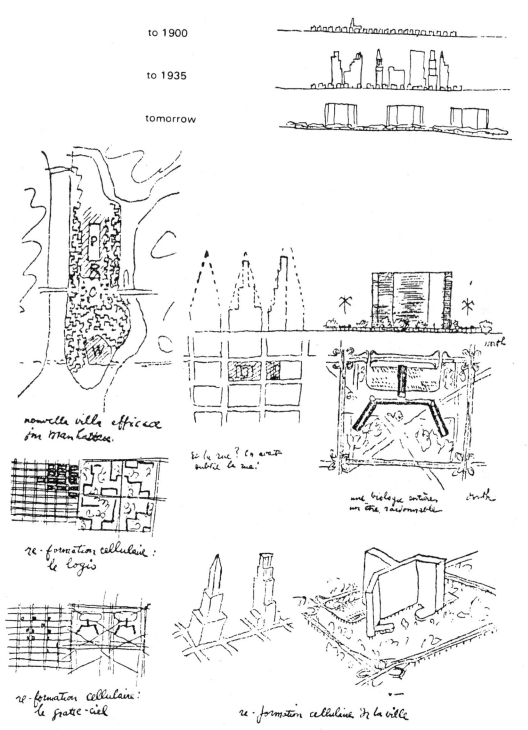

图 2.1　勒·柯布西耶 1935 年的草图，显示了如何把曼哈顿转变成为一个由公路、超级街区和巨大的塔楼以及每个建筑自有的停车场所构成的城市。按照这些草图，仅有中央公园和华尔街留了下来。勒·柯布西耶有关城市的观念已经造成了世界范围的影响。

图2.2　马萨诸塞州波士顿的查尔斯顿住宅项目1940年完工后的照片。这是一个典型的给低收入家庭提供的住宅项目，它与周边街区分割开来，按照现代主义建筑理论，这些建筑的布局追求获得最大的采光和良好的通风。

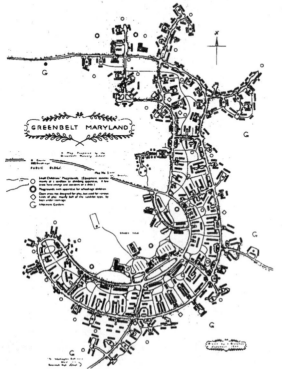

图2.3　首席建筑师，道格拉斯·D·埃林顿（Douglas D.Ellington）和R·J·沃兹沃思（R J Wadsworth），城市规划师，哈勒·沃克（Hale Walker）为马里兰格林贝尔特做的规划。格林贝尔特建于20世纪30年代，是一个罗斯福新政的项目，试图证明，花园郊区能够容纳从城市棚户区搬迁来的低收入家庭。

妈在现代厨房里做饭。爸爸骑车去清洁和现代的工厂里上班，而不是到那种破旧不堪和不安全的工厂去上班。工作之余，父亲与他的朋友们去打益于身心健康的垒球。

现代主义所蕴含的社会理论

在这部电影中，在这类住宅项目和绿色郊区的背后，有这样一种没有道出的假定，那就是，工人阶级总是人口的绝对多数；男人一般都在工厂或服务业里工作；女人或是做低层次的工作，或者干脆操持家务。大多数人是租赁户，而没有拥有自己的住宅；他们没有自己的汽车，满足于在公园里和他们居住地附近的绿色空间里找到自己简简单单的乐趣。勒·柯布西耶的假设大体也是如此，不过增加了一个拥有自己汽车的可能性，当然，他设计的机动车通行线路是严格管理的。

同时，在这部电影中，在这类住宅项目和绿色郊区的背后还假定了政府的干预。波士顿的查尔斯顿住宅项目就是由"波士顿住宅局"开发建设的，而罗斯福总统建立的"移民搬迁办公室"发起了马里兰州的格林贝尔特项目。建立这个"移民搬迁办公室"是应对20世纪30年代大萧条时期的一项紧急措施。勒·柯布西耶预计到，他的有关曼哈顿的意见，很快会由公司、"土地所有辛迪加"或"强有力的和明确规定的立法措施"来实施。

试图把这些愿景合并到一起的人们都是上层社会受过良好教育的人们。他们认为，他们自己将继续生活在大型城市公寓里、联排住宅里、大学城里或有乡村俱乐部的郊区里。他们在任何时间里都可以驱车出行；他们能够出行、去餐馆、参加大型社会活动。对于他们而言，现代主义是一个预制出来的郊区的或他们自己土地上的度假住宅，由于新技术的发展，这些郊区住宅远远比他们现在居住的住宅要豪华得多。

现代主义城市设计的成功与失误

在那些适合于现代主义假定的地方，在社会民主主义的斯堪的纳维亚，在荷兰，在那些对集体所有或政府所有有着强大承诺的平均主义的社会，现代主义城市设计已经取得了很大的成功。在英国的那些具有平均收入的社区——具有花园式租赁公寓，周边环绕绿带的工厂镇——广泛采用现代主义的设计模式。而在整个西部欧洲地区，可以发现包括现代主义公寓大楼在内的各式各样的现代主义设计成果。

现代主义的未来远景并不是没有预见到第二次世界大战之后美国中产阶级生活方式的根本性变化。大规模的小汽车生产使得办公室的工作人员和工厂的工人都可以在郊区居住。使用"联邦住宅管理局"（FHA）和"退伍军人健康管理局"（VHA）提供的住宅抵押贷款，大力推进家庭拥有住宅而不是租赁公寓的政策和住房改革，推翻了现代主义设计的假定。现代主义者曾经希望，大部分的郊区开发都是由政府或私人投资者，如大型人寿保险公司，开发建设的供租赁的社区。第二次世界大战期间产生的大规模生产技术，帮助莱维敦的组织和其他建筑商创造了一种中产阶级花园郊区的版本：分离的宅基地上建设独立住宅。这些开发缺少旧郊区建设时用来保持统一和秩序的设计规范——之所以产生这种状况的部分原因是，现代主义的规划师和建筑师拒绝这种传统——而且，大规模住宅在建造商还没有完工前就已经售完了。美国在第二次世界大战结束后建设了许多规划的社区，最突出的规划社区有：马里兰州的哥伦比亚，弗吉尼亚州的雷斯顿，加利福尼亚州的欧文，它们都可以看成战前格林贝尔特实验的后来者。但是，大部分开发商把注意力放到了住宅的市场推销上，花园处于第二位，社区不过是这个地区法规规定的执行结果。

城市里的现代豪华公寓和高层办公大楼很适合于租赁者，但是，美国的房地产市场是分散的和竞争的，这些大楼和公园的模式重复出现，设计很容易，却不可能在美国得到实施。相反，高层建筑能够挤进低矮建筑地区；办公大楼的广场会让相邻建筑的没有经过设计的墙体暴露出来，高价公路破坏了整个街区。

现代主义设想，成片的城市开放空间，在某种意义上讲，应该比城市建筑更有价值。这个设想通过政府的补贴变为现实，依靠这种补贴，地方政府购买城市中衰落部分的地块，降低它们的价值，再把它们卖掉，重新开发。城市更新的确允许重新设计大片的城市土地，开放空间围绕着高层建筑，但是，单体建筑之间很少形成一种和谐的关系。从图上看，高层建筑看似能够形成一个宜居的社区，但是，并没有任何控制性原则。不同的建筑出自不同建筑师之手，这些建筑的内部确实有宜居性的因素，但是，就整个场地而言，并没有宜居性可言。

在发展中国家，现代主义的居住大楼在过去的村庄或传统城区里拔地而起，所以，常常不尽如人意，没有人关心在千篇一律的大型、单调和破旧的建筑物中有那么一块开放空间，当然，新的建筑在饮用水、卫生设施和电力供应这类基本服务上，还是有了很大的改善。

1976年，炸毁圣路易斯的普鲁特－艾格住宅大楼，标志着美国广泛宣传的拆除行动的开始。由于地方政府不能对这些高层建筑提供安全保护和建筑维护，所以，对于居住其中的贫穷租赁者来讲，现代高层建筑没有宜居性。

在迅速发展的郊区，很容易实现分离的建筑和分离的功能区这样一种现代主义的愿景。现代主义并不认为，在乡村地区建设高层建筑有什么不协调之处，把城市化延伸到乡村地区没有什么内在的问题。现代主义认为自然是需要征服、覆盖以及合理化的东西。

纠正现代主义的城市设计和环境保护主义

20世纪60年代，作为对现代主义在建设宜居环境方面失误的反应，当代城市设计实践开始出现。住宅项目能够产生一座座公寓大楼，也能产生不安全的开放空间，没有人愿意去使用它，处于与城市其他地方相对孤立的危险状态。城市广场在现代主义的形象中也是甚为重要的，但是，它们同样也常常是空空如也，充满危险，打断了沿街展开的零售门面的连续性。步行应该与机动车分离，这是现代主义的一个公理。这个原则推进了在郊区建设孤立的购物中心，有些城市，把步行者引入桥梁和地下通道，导致建筑的街道层面冷清异常。高架桥和停车场给城市带来了另外一类寂静的地方，没有人愿意从那里走过。勒·柯布西耶主张，城市和郊区各自发展成为单一功能的"细胞"，这种方式增加了交通流量，让日常生活转变成为一种复杂的交通问题，去午餐、去学校、去体育场所、去娱乐场所等等，都必须小心翼翼地编制一个计划。勒·柯布西耶那种浪漫主义的设想，孤立的高层住宅大楼，把这些建筑连接起来的高架公路，从根本上导致了去人性化，现代主义倾向于把旧建筑描绘为过时的东西，应该腾出位置来，让适合于今天的建筑得以发展。

为了让城市更适合于生活，城市设计师们反对现代主义的意识形态，主张保护历史建筑，把街道建设成为城市开放空间的基本元素，使用区域规划和其他开发规则，把新的建筑创造性地安排在现存的布局结构中，保存混合起来的不同活动。

街区规划而非城市更新

第二次世界大战结束后，美国推行了大规模清除棚户区和城市更新政策，这些并非仅仅是现代主义设计理念的产物。大多数被清除的贫民窟或是不值得保留的，或是因为保留十分昂贵，难以承受，以致长期搁置下来。然而，现代主义认为，在一个特定的地区边界内，没有值得保留的东西，保留一个比较旧的建筑会干扰这个地区的整体设计。事后看，甚至那些最好的完全清理的城市更新地区，如华盛顿特区西南地区的城市更新，也遭受了生机荡然无存的后果，那里几乎清除了过去积淀起来的一切，清除掉了任何不期而至的变更。原先的居民被撵出他们那些可能不合乎标准的住宅，取而代之的是那些批量设计的新开发。一个真正宜居的社区一定是由生活在那里的人们不间断的行动创造出来的。

当时，第一批和最成功的有选择性的城市更新案例之一，是通过迁移费城的批发市场，保护"协会山"街区的历史性住宅和公共建筑，把"协会山"重新建设成为上等收入家庭居住的街区。应用类似的方式，在不完全清除那些需要改造的建筑的前提下，去更新现存的贫穷的中等水平收入的街区，当时是有规划的，而且有资金支撑。纽约市当时把大量这种类型的"城市更新规划"转变成为"街区发展规划"。建设适合于现存街区的新建筑，增加了社区居民对规划决定的参与，让社区居民参与到规划中来的理由是十分明显的，那就是希望在计划完成后，这个社区依然尚存。街区规划本身也让建筑师们重新思考住宅设计。按照现代主义的思想，必须让公寓大楼具有最好的朝向，这就意味着，建筑物布局的几何体系不同于周边街道的几何体系，从而在建筑和街道间留下形状奇特的开放空间，如图2.2所示。不同于完全清理的空场地，如果街区结构保留下来，在现存的不规则的场地里填上"袖珍"住宅，那么，这些新的建筑重新返回到了与街道以及保留下来的与周边邻里的关系中。

混合的街道

在城市土地中，街道占据了很大的比例。现代主义主张，通过步行桥或步行通道把步行者与机动车分开，这就意味着，街道不过是一个只承担通行功能的地方。即使在那些人车同行的路面上，现代主义的设计通常还是，宽阔的机动车道，狭窄的供步行者使用的人行道，而且没有任何环境美化。

在人口高密度且街道上充斥着许多相互竞争商店的亚洲城市，供步行者使用的分离的步行通道，的确运行良好。一些欧洲城市里，建立了步行区，许多人乘坐公交车到达这个区域，或者他们就是附近的居民。而在美国城市，这类步行桥、地下通道和步行区运行得非常不好，有些城市采用了分离的步行通道，甚至把若干步行街道转变成为步行区，结果是使市中心的一些街道衰退。

所以，城市设计实践重新认识到，街道是城市中进行交流的基本场所，采用景观设计和街道设施设计等手段，让步行者、公共交通和独立机动车适当地分享街道。建筑立面、地面楼层以及它们与街道的关系，重新成为街道设计的重要方面，城市设计重新把街道看作公共开放空间。

历史保护

那时的街区规划提出了一个新的重点，强调保存一般的且完好的现存建筑，当时因为房地产开发正在摧毁掉一些历史性建筑，所以，保护有价值的历史性建筑的情绪日益增长。1963 年，围绕纽约市"宾夕法尼亚车站"拆除工程形成了一个政治联盟，随后建立了纽约市的"标志保护委员会"。当清障车正在这个车站的拆除工地上工作时，著名的现代主义建筑师马克斯·阿布拉莫维茨（Max Abramovitz）告诉"纽约市建筑联合会"的听众们，他不能理解为什么人们要求保留"宾夕法尼亚车站"。他说，当他还是一个孩子时，他就想过要把这个车站拆掉。现代主义对这类套上雄伟的新罗马建筑外衣的钢结构建筑充满了敌意。历史保护主义者则厌恶现代主义的建筑；人们常常宁愿选择原先就在这里的那幢建筑，而不喜欢它的现代主义的替代品。后来出现的历史地区历史标志的认定，让这类历史建筑重新得到重视。现在，法律保障依然十分重要，建筑专业的领袖们，房地产市场，再次接受了这些老建筑的建筑价值。

重新恢复城市的使用和结构的连续性

20 世纪 50 年代和 60 年代，城市开始批准现代主义的城市更新规划，这种规划推崇大尺度的开放广场，在开放的草坪上布置宽阔间距的住宅楼群，把零售店归并到购物中心中；这些城市开始修订它们的区域规划和修建性详细规划，以便让这些修建性详细规划与更新规划一致起来，这些城市常常奖励高层建筑和开放空间的开发。

几乎一开始执行这些修建性详细规划，这些修建性详细规划的瑕疵就是显而易见的，但是，当时这些现代主义的设计方式已经成为法律。于是，人们要求城市设计师去调整法规，以其他种类的户外公共空间方案去取代现代主义的方案，要求沿着街道布置建筑，要求在一些街道的地面层布置商店，实施建筑高度限制，或实施一定高度上的退红。所有这些变化背后的原则是，每一个单体建筑都应该成为正在发展中的建筑环境中的一个部分，而不是一个分离的和孤立的单体。

纽约市的特殊规划区是使用区域规划实现城市设计目标的早期例证。时代广场特殊规划区保存和提高了这个地区独特的电子招牌，确保时代广场特殊规划区不会变成另一个商务区——区域规划在限制私人招牌上典型的逆向作用（图 2.4）。由亚历山大·库珀（Alexander Cooper）和 S·伊克苏特（Stanton Eckstut）撰写的"巴特里公园城"指南替代了特殊区域规划。

图 2.4 区域规划的力量：纽约市时代广场的招牌，有区域规划要求执行的特殊地区的要求。更常见的区域规划是用来限制招牌。

图 2.5　沿巴特里公园城滨海大道的公寓塔楼。不同于勒·柯布西耶建在公园里的塔楼，这些塔楼地处一个公园的前面——新尺度下的传统城市关系，受到开发规则的控制。

这些要求是每一个房地产购买协议的一个部分，规定这些设计问题为建筑布局和从立面到立面的要素。不是由公园环绕塔楼，巴特里公园城的塔楼沿着滨海大道，占用了传统的临街的位置（图2.5）。

我在1974年出版的《作为公共政策的城市设计》（Urban Design as Public Policy）中谈到了应用城市设计四项原则的最早的一些实例，这四项原则是街区规划、历史保护，以及作为公共空间的街道和背景上的区域规划。

作为开发最基本背景的自然环境

那时，设计师们正在使用一定的设计指南控制城市，但是，迅速的城市化却是在许多原先的乡村地区和郊区发生的。当时出现了两本重要的著作，一本是怀特撰写的《最后的景观》，最早的版本是1968年的，还有一本是麦克哈格（Ian McHarg）的《设计结合自然》，发表于1969年。这两本书都倡导改善郊区的设计。怀特当时提出了他所谓的"簇团区域规划"，现在这种区域规划的官方名称是"规划的单元开发"。"簇团区域规划"的目的是，通过把住宅集中到相对紧凑的簇团里，实现保护更多景观的目的。在几乎同一个时期里，麦克哈格正在致力于研究一种方法，通过这种方法，能够比较容易地选择应该保护起来的场地。麦克哈格提倡绘制地区图，那些地区的自然生态和地下条件最有可能出现不稳定，建筑只能建在那些不会引起严重环境问题的地方。这两种理论很好地结合起来，产生了第五项城市设计原则：在绿色地区所做的新开发应该仅仅出现在那些对生态影响最小的地方，应该通过设计，与周边自然环境协调起来。

第五项城市设计原则已经得到了一定的认可，但是，这项原则并没有着手应对办公和零售向郊区或乡村地区转移所出现的所有问题。现代主义假定，通过工程手段，我们能够也应该征服所有的自然。第五项城市设计原则表现出了与现代主义的这个假定有很大的冲突。

新城市主义大会

许多人相信，"国际现代建筑协会"（CIAM）促进了现代主义城市规划和设计的胜利，1993年，仿其成立了"新城市主义大会"（CNU）。当时的想法是，要想人们接受建筑实践和开发实践上的变革，就需要建设出成功的城市中心和居住街区。"新城市主义大会"寻求一种设计城市的综合方式去替代仍然在沿用的现代主义的规划原则，这种设计城市的综合方式基本上是以现代主义之前使用的方式为基础的。

新城市主义把街道置于城市规划的首位。如同我们在比较老的城镇中看到的那样，这些街道应当产生小地块，而不是现代主义青睐的巨型地块，建筑应当与街道联系起来，而不是由现代主义的开放绿色空间所环绕。如同20世纪初"城市美化运动"的设计那样，街道应该产生景观视觉效果。与现代主义提倡的土地使用功能分区不同，开发应该把不同的功能混合起来和把不同的建筑类型混合起来，这就如同往日城镇一样。新城市主义的假设是，在今天的社会里，每一个人都是中产阶级，或渴望成为中产阶级。不同于为社会底层而设计的现代主义城市，今天的大都会区域应该容纳每一个人的愿景。[1]

1996年，"新城市主义大会"同样效仿"国际现代建筑协会"，通过了一个新城市主义宪章（图2.6）。不同于现代主义倡导的从建筑开始建设城市，新城市主义宪章开宗明义地首先提出了区域背景，然后依次为街区、区、走廊，然后，地块、街道和建筑。这个颠倒过来的顺序至少概括地说明了这样一种设计理论，它把通过街道和公共空间创造场所放在首位，当然，这并非说这个设计理论已经解决了它自身所有理论问题，其中之一就是有关传统建筑风格的重要性问题。

新传统主义

在通过《新城市主义宪章》的同一次大会上，曾经有过关于新传统主义的使用价值的争论，这场争论相当尖锐，甚至有些愤怒的情绪。新传统主义是一种关于建筑或城镇设计的观念，这种观念主张返回到20世纪20年代使用的"传统的"建筑语汇上，而现代主义恰恰反对的就是这种设计语汇。历史学家E·霍布斯鲍姆（Eric Hobsbawm）和T·兰杰（Terence Ranger）编辑过一本论文集：《传统的发明》，在这本论文集中，他们证明，相对比较近的时期出现的传统都是巨大社会变革的反应，包括圣诞颂歌、苏格兰格子花呢、英国皇家庆典会等。建筑上延续过去的仿制外观旨在帮助真正的革新产生稳定性：最近富裕起来的企业家把自己的豪宅装饰得像个祖传的庄园，最近建设的大学建筑采用了牛津和剑桥这类古老学校的建筑形式，人们把新的郊区住宅设计得像一个农庄。

是否有可能复兴现代主义出现之前的市政中心、学校或郊区街道的规划原则，但是不去使用古典的立面、都铎王朝或乔治王朝的风格，或西班牙和新英格兰殖民时期的风格？

这正是第四次新城市主义大会提出的一个问题。人们一般把位于佛罗里达州的一个名叫"海边"的度假村看成新城市主义社区的一种模式，"海边"的设计师A·杜安伊和普拉特－齐贝克撰写了一个修建性详细规划规范，规定了若干建筑元素，如所有建筑采用统一的屋顶坡度，前院采用统一的尖板条连成的尖桩篱笆，统一的正门等。当然，这个规范使用一系列抽象的指示来表达。在鼓励建筑师遵循佛罗里达传统度假住宅风格时，这个规范也允许现代主义的建筑，实际上，也的确出现了许多这类建筑，而街道规划则主要采用了传统主义的观念，强调轴线景观，使用住宅和篱笆围合和划定街道。

在佛罗里达州奥兰多附近，有一个称之为"欢庆"的规划的社区，它由迪斯尼公司开发，人们一般都认为它是新城市主义的设计，至少在它发展的前期阶段是这样。"欢庆"中心的大部分设计遵循了R·A·M·斯特恩（Robert A.M. Stern）和J·罗伯逊（Jaquelin Robertson）的规划，斯特恩是"传统的"甚至"古典的"建筑的领军人物，是第二次世界大战前小城镇地方建筑风格的一种翻版，要求住宅建筑商遵循他们编撰的一本图册上提供的住宅模式做开发，

1　新城市主义的原则在很大程度上就是一组修正了的公共政策和政府管理方式。新城市主义的产生是对现代城市问题的一种反应。它发现管理那些受到谴责的城市发展的规则本身存在问题。这样，当新城市主义制定一组原则来指导城市建设时，它实际上也正在倡导一种新的方式来思考对城市形式的管理。——译者注

新城市主义宪章

新城市主义大会认为，城市中心投资缺乏，无场所蔓延的扩张，日益增加的种族和贫富之间的差距，环境的恶化，农业土地和野生世界的不断减少，以及对社会遗产的侵蚀，这些都是相互关联的问题，是社区建设所面临的挑战。

我们主张，恢复连绵大都会区内的现有的城镇中心，将蔓延的郊区重新整理和配置为具有真正邻里关系和多样化的社区，保护自然环境，保护业已存在的文化遗产。

我们认为，仅仅依靠形体方案本身不会解决社会和经济问题，但是，如果没有空间形体结构的凝聚和支撑，同样也不能维持经济活力，社区稳定以及环境健康。

我们倡导，重新组织公共政策和开发实践以支持以下原则：街区应当具有功能和人口的多样性；社区设计不仅要考虑到小汽车，同时还要考虑步行者和公共交通；由形体确定和普遍可达的公共空间和社区机构来构造城市和小城镇。城市的场所由经过设计的建筑和景观构成，以反映当地历史、气候、生态以及建设实践。

我们的大会具有广泛的代表性，包括公共部门和私人部门的领导、社区活动分子、多学科的专业人员。我们承诺，通过公众参与规划和设计的方式，重建建筑艺术和社区建设间的联系。

我们奉献我们自己的力量来整治我们的家园、街区、街道、公园、街区、地区、小城镇、城市、区域、环境。

图 2.6　这是“新城市主义宪章”的开头语，这段话至少提出了一种超越了建筑的城市设计理论的纲领。

其中包括了西班牙风格和新英格兰殖民时期的风格。

现在，在建筑师和城市设计师之间存在一个令人尴尬的分歧，建筑师认为历史的复兴是一种令人厌恶的东西，而城市设计师则受到历史风格所能提供的那种统一性和一致性的诱惑。有些建筑师的确认为，现代主义完全是一种错误，他们所做的唯一的一件事就是假装这 100 年，甚至 200 年，什么也没发生。持有这种看法的人是少数。

现代建筑材料已经永远地改变了建筑；试图把现代建筑类型多样性限制到工业革命前所出现的那些建筑类型上是徒劳的。大部分建筑师都同意理查德・诺曼・肖（Richard Norman Shaw）在 19 世纪末对在建筑领域恢复哥特式建筑所做的判断，“这就如同摘下一朵花去看，花是很好看，然而，它很快就枯萎了，消失在我们的眼前”。的确有很多成功的现代建筑设计和景观设计。现代主义在城市设计上的错误从来都是显而易见的。

建筑商和公众对历史风格都很熟悉。确实有几个现代主义的住宅，如加利福尼亚州的埃奇勒（Eichler）住宅，或在弗吉尼亚州亚历山德里亚，由查尔斯・古德曼（Charles Goodman）设计的霍林山（Hollin Hills）。从 20 世纪 70 年代以来，几乎再也没有建设现代主义的住宅了。一种新的住宅，有着现代的平面布局以及全套的现代设施，但是，至少在它的前立面上存在某种传统建筑形象，这已经成为独立住宅设计的一种套路。

对于那些打算建设建筑商住宅的规划的社区，需要满足开发控制性修建性详细规划在建筑风格上的要求。几乎没有几个城市设计师会在新传统主义方向上走得像“欢庆”那样远。大部分城市设计师将会关注他们正在工作的那些地区的传统地方建筑，他们会在这些地方建筑的那些最有希望的特征基础上，提出相对概括的规范来。

非专业人士的城市规划，自由市场的城市规划

有些实际工作者和理论家使用"非专业人士的城市规划"这个术语，他们与法国马克思主义哲学家亨利·勒菲弗（Henri Lefebvre）的方向有个交会点，他们对大部分规划规则背后的中产阶级标准的合法性提出疑问。他们问，在自己的前院修理汽车或在自己的房间里理发，有什么错？城市设计师和规划师说，好吧，我们将给每一个社区创造一个生活—工作分区。但是，这种包容并没有回答更一般的相对主义者提出的现实问题：为什么任何一组从上到下的标准总比人们自己决定要好些？当城市正在不断变化和发展时，城市设计师不应该研究一些这个发展过程，不应该了解人们正在做什么，不应该对在已经发生的事情推动下的城市做任何一种新的干预？用来说明支持这个命题的许多案例来自新近移民集中的街区，那些移民原来生活的国家还有着很强大的民间传统，他们把这种传统也一并带到了他们移民的国家，按此装饰自己的房子和商店。在那些的确存在切实可行的民间传统的地方，鼓励和保护这类民间传统是有价值的。但是，有可能创造相等的民间传统，这种民间传统能够取代控制现在复杂的建筑和房地产业产品的规则吗？

罗伯特·文丘里（Robert Venturi）、丹尼斯·斯科特·布朗（Denise Scott Brown）和斯蒂芬·艾泽努尔（Steven Izenour）在1972年出版了一本称之为《向拉斯韦加斯学习》[1]的著作，他们在分析了沿着拉斯韦加斯道路上的令人目眩的建筑和招牌之后，得出这样的结论，这些令人目眩的建筑和招牌包含了一个复杂的符号语汇，人们机智地使用这些符号语汇来吸引顾客。文丘里、布朗和艾泽努尔把他们从拉斯韦加斯了解到的东西应用到一般的建筑符号上，产生了迄今为止的两类符号："鸭子"和"装饰棚"。彼得·布拉克（Peter Blake）在他的《上帝自己的垃圾场》中嘲讽了丑陋的现代世界，他拿出了一个形似鸭子的建筑的照片，这个路边的建筑正在出售长岛的鸭子。一个从属于它预先确定下来形式的建筑就是"鸭子"，现代主义把这种预先确定下来的形式，称之为"具有决定意义的形式"。"装饰棚"是指一幢具有装饰立面的功能性建筑。按照文丘里、布朗和艾泽努尔的观点，哥特式教堂既是"鸭子"，也是"装饰棚"。在他们的分析中，哥特式教堂的立面是一个有效率的招牌，详细的象征意义已经传达了教堂内部发出的信息。

这些复杂的判断不等于说，我们能够从拉斯韦加斯了解到一种新的建筑语汇，或了解到应当如何设计城市的方法，当然，文丘里、布朗和艾泽努尔说，建筑能够是个"垃圾场"，"平淡无奇"，并非每一幢建筑都必须具有很好的风格。

库哈斯和其他一些设计师断言，市场的力量决定着城市，设计无能为力。他们把今天城市里发生的一切都看成一种巨大的难以驾驭的力量，而不考虑政府有关高速公路和基础设施的决策、有关税务补贴的决策、市场力量和法规之间的复杂关系等。

相对论者，如倡导"非专业人士的城市规划"的人，自由市场论者，如库哈斯之流，都反对任何形式的建立在预先确定下来模式上的开发法规，换句话说，"非专业人士的城市规划"

---

1 《向拉斯韦加斯学习》中译本已由中国建筑工业出版社出版。——译者注

和自由市场论者放弃了创造城市的可能性。了解正在变化的经济和社会条件是任何一个负责任规划的前提，20世纪的大部分时间里，人们一直都意识到，城市规划和开发法规都是必不可少的。现代社会异常复杂，建筑和开发产业也是如此专业化，所以，必须建立起某种制定规则的制度。仅仅依靠民间传统或社区标准不再可能，民间传统或社区标准可能在前工业化社会还是可行的，那时，人们自己建造自己的住宅和工作场所。房地产市场并非是不可控制的力量，它是一个寻求尽可能确定的保守的制度。开发商可能会反对适用于他们特定项目的特殊规则，但是，他们还是赞成有一个用于他人的基本规则制度。法规常常产生不受欢迎的场所，但是，这并非因为这些法规没有效率。这些法规一直都是非常有效地推行一种过时的设计意识形态。

专业城市设计师在宜居问题上达成的共识

现在，城市设计是一个积极的交叉学科的职业，它由建筑师、规划师和景观建筑师组成。自20世纪60年代中期我在纽约市工作以来，我一直都是一个城市设计师，我已经目击了这个职业的发展，最初仅有十几个人，而现在，已经发展到几百家企业，在政府机构里，有着几千名城市设计师。许多城市设计师，包括我自己在内，并不认为我们自己附着在一个专门的设计方案上。科林·罗（Colin Rowe）和弗雷德·克特尔（Fred Koetter）1977年出版的一本书，《拼贴城市》（Collage City），很好地说明了城市设计的理论位置。勒·柯布西耶曾经描绘了整个城市按照他的方向转变。罗和克特尔则提醒我们，一个设计师，甚至一种设计思想不能改造城市。设计城市更像拼贴画：发明一些东西，但是，需要安排和重新安排的元素已经存在了。[1]

现在，大部分城市设计师都赞成"新城市主义大会"提出的目标。我自己很高兴成为"新城市主义大会"的支持者和城市设计顾问组的成员。现在，我还是"新城市主义大会"理事会的成员。当然，我理解城市设计师的位置，由于有些城市设计师倡导新传统建筑，所以，城市设计师把自己与"新城市主义大会"放到一起的确有些勉强。如同大部分新城市主义论者一样，对于城市设计师来讲，一系列城市设计原则与建筑风格几乎没有什么关系，如果把这些原则融入公共政策中，一定会产生更宜居的社区。以下是目前有关宜居问题所达成的共识。

1. 保护和修复自然环境

研究显示，如果人们在他们生活的地方，就有机会接近自然环境，他们会产生很大的幸福感。人们不仅仅应该生活和工作在接近公园和开放空间的地方，他们还应该距离自然的或农业的景观不太遥远。生态学家告诫我们，处于平衡状态的自然环境体现出矛盾的解决和协调，这就像一幢建筑的设计是协调诸种矛盾的结果。一旦这种自然的设计受到干扰，环境会迅速退化。保守的态度是，尽可能避免对自然环境的干扰，修复城市化地区的自然系统。

---

1 《拼贴城市》中译本已由中国建筑工业出版社出版。——译者注

2. 保护和修复建成环境

宜居的城市需要多样性的建筑类型去容纳不同的活动，还需要超出任何一个设计师想象的各式各样的突变和设计——这样，保护和重新使用的建筑就不仅仅是显著的历史性建筑，还包括一般的功能性建筑。历史遗产保护已经从拯救若干标志性建筑发展成为一种保护伦理观，这种伦理观提出，因为建设一幢建筑物都使用了能量和材料，所以，任何一幢旧的建筑物都是有价值的。因此，不是去拆毁任何一幢旧的建筑，为更好且更有价值地使用土地让路，我们现在的新的假设是：除非有明确的经济的或设计上的理由，必须拆除旧的建筑物，为新的开发让路，否则，应当保护任何一幢老建筑。

3. 修复现存的社区和建设新社区

建设社区的一个基本手段是设计鼓励人们在他们步行通过公共场所时，在那里相会，正如我们在第一章中讨论的那样，宜居的社区或工作场所的第一原则就是，宜居的社区或工作场所应该是一个能够步行的社区或工作场所。因此，居住区应该是可以步行的社区。如上所述，20 世纪 60 年代，重新发现了社区规划，以社区规划实现人性化地清除贫民窟和城市更新。20世纪 80 年代，人们再次发现，社区规划是组织通过总体规划产生社区的一种方式（详见第 6 章、第 7 章和第 8 章）（图 2.7）。

4. 把商业区建设成仅有一个停车场的地区

如果人们打算从商业区里的一个目的地步行到另外一个目的地，如果这些商业区有公共交通服务，那么，这样的商业区一定设计得紧凑些，成为可以步行的场所。假定每一个店铺都有自己的停车场，而有人把车停在这里而到别处去购物，就会面临把车拖走的可能，这样，这个商务中心不可能是可以步行的。建筑需要组团，这样，人们通过人行道到达那里，而停车场应该是这一组建筑物共享的。如果需要，应该使用公共财政在郊区和城市里建设这类停产场。

5. 把街道建设成为公共环境的中心

沿街的人行道依然是人们最适当的步行场所，这些有着人行道的街道应该成为城镇通行的基本设施，它们把建筑和公共空间联系起来。除开高密度城区，经验显示，现代主义者提倡的步行通道是一个错误，因为它们把人们从街上带走，以致街上人烟稀少，既不能维系有效的零售商业，也使街上或通道里的公共安全受到威胁。这样，街道体系的设计是建设宜居社区的基础，街道既要让步行者愉悦，也要让机动车和公交车有效率地运行。

如果街道是宜居社区的基本组织原则，那么，建筑设计应该与街道相联系，而且应该强化街道的功能。在居住区，如果一条街全是各家各户车库的大门，这条街不是一条适宜于步行的街，而各家各户的门廊、大门和窗户一字排开的一条街则是适宜于步行的街。宜居性在商业区里意味着，克服由停车场和公路造成的分割，建立起一种我们在第 1 章，第 9 章、第 10 章和第 11 章中描绘的那种可以步行的场所。

6. 积极地使用开发规则

　　最后，建设一个宜居型城市要求公共部门的干预，使用必要的开发规则，在一个复杂的社会里，建设起一个发展的背景，每一个新的开发项目都是给正在发展的社区添砖加瓦，而不是一个自我包含的独立单元。有关这个问题，我们将在本书的实施部分详细展开。

图2.7　城市设计师 F·F·艾约特（Fletcher Farr Ayotte）设计的奥伦科站社区的一条大街，这条街围绕公交站，可以步行，街上有许多地方商店，奥伦科站社区在美国俄勒冈州的华盛顿县。

第3章 流动性：停车场、公共交通和城市形式

认识传统城市和今天的城市化之间区别的一种方式是，绘制一张平面图，建筑物以黑色表示，街道和其他开放空间用白色表示。图 3.1 是宾夕法尼亚州的建筑师斯蒂芬·基兰（Stephen Kieran）和詹姆斯·廷伯莱克（James Timberlake）绘制的宾夕法尼亚州瓦利福奇／普鲁士国王这座边缘城市的平面图。然后，他们把这张图叠加到费城市中心的街道平面图上进行比较（图 3.2）。对于大部分对城市设计感兴趣的人来讲，费城市中心的凝聚性和合理性远远高于瓦利福奇／普鲁士国王地区，那是一座四处扩散的和没有凝聚性的边缘城市。然而，基兰和廷伯莱克看到了新型开发的潜力，在这种新型的开发中，所有没有建筑的空间，即景观，优先于建筑而成为城市的组织元素。在库哈斯看来，现代的世界已经抛弃了城市形式的传统观念，所以，他认为，瓦利福奇／普鲁士国王是一种城市形式。

这种动态图表达了同样的城市观念的动态形式吗？这张叠加起来的平面图凸显出来的，不是街道或景观，而是公路和停车场。因为三条主要公路通过那里，所以，能够按照图上显示出来的发展方向去建设，同样，因为到达瓦利福奇／普鲁士国王这座边缘城市几乎都是依靠汽车的，所以，不用改变原来的城市形式。那里有空间去开发地面停车场，停车费用还非常具有竞争性。当然，按照这些共性去开发这座边缘城市不一定会产生令人兴奋的城市经历。

图 3.1 1990 年，瓦利福奇／普鲁士国王城市开发平面图。

图 3.2　以相同比例，把瓦利福奇 / 普鲁士国王城市开发平面图叠加到费城市中心街道平面图上。

公路和停车场如何断片开发

围绕典型的公路交叉枢纽而展开的城市开发模式，是把公路作为一个孤立人工产物来设计的结果，这种设计没有考虑到公路将诱发的开发，所以，这类开发远非不可抗拒的现代生活所致。公路交叉枢纽的设计最小化了需要使用的土地，允许机动车在离开一条公路时保持速度不变。然而，没有人去思考如何把公路交叉枢纽融入围绕它而展开的建筑中去。

公路交叉枢纽把可供开发的场地分割成为四块；而地面停车场再把每一块切割开来进行开发。每个停车空间一般要求 32.5 平方米：18.5 平方米供小汽车使用，其他用于回旋。如果再加上景观建设的话，每辆小汽车大约平均需要 37.1 平方米的空间。提供地面停车位而不是采用车库的决定是一个经济问题：

地面停车场一个车位的成本	$1000 + 土地（景观建设另计）
停车库停车位的成本	$10000—$12000 + 多层停车库每个车位平摊的土地
地下停车场一个车位的成本	$20000—$30000

提供停车场对开发商来讲是一个必不可少要的项目。地方开发规范和贷款机构都要求给每一个建筑提供最少数目的停车空间。一些典型的公共建筑每千平方英尺（92.9 平方米）停车位如下：

零售：	5 辆小车
郊区办公室：	4 辆小车
具有快速公交的城市办公室：	2.5 辆小车
具有都市公交系统的大城市办公室：	0—1.5 辆小车
酒店：	1.5 辆小车
公寓：	1.5—2 辆小车
工业：	（每个雇员）1 辆小车

瓦利福奇／普鲁士国王的平面图模式是公路交叉枢纽设计和停车场经济的产物。建筑不是去形成空间，而是由停车场来隔离。

停车对办公室位置的影响

对从城市中心向接近公路位置的扩散开发来讲，停车经济具有很大影响，弗吉尼亚州的泰森角或宾夕法尼亚州的瓦利福奇／普鲁士国王都是受这种影响的典型案例。一幢每层有2322平方米办公空间的郊区办公楼，每一层楼需要提供100个小车停车空间。100辆小车至少要占3251平方米的空间。仅仅计算停车场的开发费用，而不计算整个开发费用的话，每9.29平方米地面停车场要给每平方米建筑的成本再加上400美元。同样的办公建筑，建设停车库，如果一个停车位的成本为10000美元的话，那么，每9.29平方米的办公建筑面积需要再增加4000美元的成本。地下停车场则相应要给每9.29平方米的办公建筑面积再增加8000—12000美元的成本。

每0.4公顷土地的纯成本约为100万美元，如果要建车库，还要增加土地开发成本。

这里所要说的是：要想获得办公楼开发的优势，比较好的办法是购买那些容易接近公路和重新做办公空间区域规划的便宜土地。这样，开发商有足够的空间去建设地面停车场，建地面停车场的开发商，比起那些建设车库的开发商要占很大的价格优势。当一个公路位置的土地开始上涨，开发商会向下一个公路交叉枢纽转移。

地面停车场和建筑关系

要容纳现今的停车空间比例，城市很难优雅起来。大部分人都会同意，巴黎大路上那些连续的临街立面是理想的城市形式之一，这种城市形式与地面停车不相容。美国大部分城市的市中心，多半充斥着停车位。

一幢4层的建筑，每层2322平方米办公空间，至少需要1.6公顷土地来建设这幢建筑和停车场，如果再做些景观，则需要更多的土地，至少是这幢建筑本身所需要的土地面积的7倍。一幢8层的建筑，每层仍然是2322平方米办公空间，地面停车场至少需要3.03公顷土地，至少是这幢建筑本身所需要的土地面积的13倍。

一个9.29万平方米的购物中心要求有5000个停车位，地面停车场将占16公顷以上土地。这样，最远的停车场车位太远，所以，大部分这类尺度的购物中心提供部分甲板式停车位。

现代建筑最令人惊叹的形象之一是：勒·柯布西耶绘制的那个巨大的十字形的办公塔楼，周边环绕着开放空间，他在许多项目中展示过这个形象，包括他的《邻里规划》(Voisin Plan)，计划清除巴黎中间，替换成若干历史纪念物，高楼和高速公路。如同1935年他绘制的曼哈顿重建草图（图2.1）一样，这个巴黎重建的形象也是由停车场和绿色空间环绕，曼哈顿重建草图旨在帮助人们形成这样一种观念，这些办公建筑独立于任何城市背景。但是，勒·柯布西耶的这个富有魅力的未来城市只能与快速公交系统同时存在；如果这些办公楼的使用者使用小汽车，那么，按现在的停车位要求计算，勒·柯布西耶的未来城市将会出现一个完全不同的形象（图3.3）。

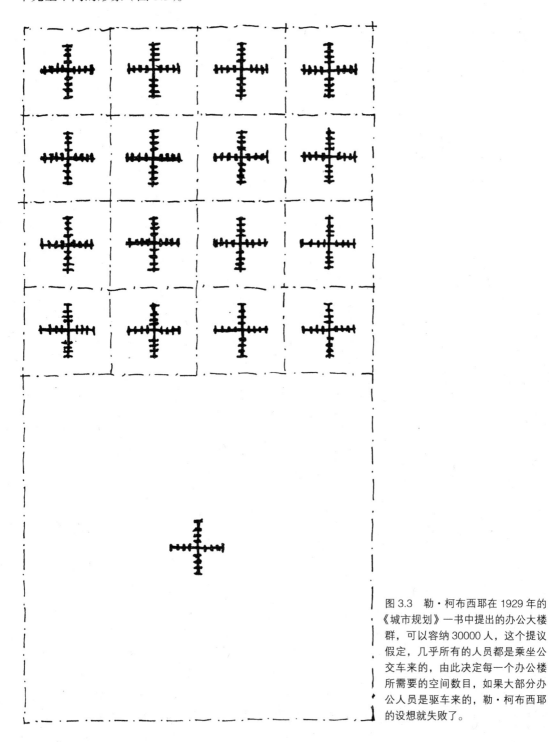

图3.3 勒·柯布西耶在1929年的《城市规划》一书中提出的办公大楼群，可以容纳30000人，这个提议假定，几乎所有的人员都是乘坐公交车来的，由此决定每一个办公楼所需要的空间数目，如果大部分办公人员是驱车来的，勒·柯布西耶的设想就失败了。

在 1920 年的《城市规划》(Urbansime) 一书中，勒·柯布西耶绘制了这张图，提出了他的办公大楼群设想，这一设想类似于他的《邻里规划》，都是按照容纳 30000 工作人员来设计的。这些图还显示了 400 个小汽车停车位，建筑的间隔以这个估计的停车数目决定，也许正是这个数目的停车位正好适合于他所设想的建筑之间的间隔。在他提出这些设想时，仅有最上层的公司官员可能有小汽车，而大部分工作人员乘坐公交车到达。

现在的郊区停车比例是按照每一个建筑使用者一辆车来要求的，这样，勒·柯布西耶所设想的办公楼就需要 30000 个停车位，如果真的在郊区建设起这样的办公楼群，至少需要 97 公顷的土地，来建设地面停车场。如果以车库的方式来解决停车问题，那么，这个车库将是巨大的。假定每层至少 1600 个停车位的话，将需要一幢 19 层的大楼用作车库。现在几乎没有超出 7 层的车库。停车库的设计规则是，大约一分钟进出一层楼，这仅仅是就正常车库而言，而不是就每层有 1600 辆车的车库而言的。除开纽约和其他大城市，即使有公共交通，这样的办公楼群至少还需要 18750 个停车位。当你看到大多数郊区的办公开发，却没有看到新的设计概念，你看到的还是，由于停车问题的个别开发决定断送了的勒·柯布西耶的高楼城市。

为什么地面停车场可能是一个过渡阶段

当土地价格不断上涨时，停车空间的潮汐可能会再次回头，这个潮汐已经把传统建筑关系荡涤殆尽。地面停车没有有效使用土地。购物中心 40% 的停车空间只是在最繁忙的几天里才使用的，大体在感恩节和圣诞节之间（40% 的销售也发生在此期间）。在办公时间里，零售空间的峰值一般很少出现；大部分的办公停车场在晚上和周末都是空着的。对体育场馆停车场的使用几乎不会与办公室雇员使用停车场同时发生。

城市土地研究所（ULI）已经注意到，不同的土地使用之间有可能共享停车空间，它还提出，在共享停车空间情况下，对建筑停车位比例进行调整。例如，办公中心地区的酒店仅仅需要独立的酒店所需要的 50% 停车空间。共享停车空间的效率大小取决于城市设计。体育馆应该选择在办公建筑比较集中的地区附近；正确地搭配零售和办公也能提高停车效率。由于采用联合开发方式，会出现共享的停车空间，从而减少整个停车空间数目，由此节约出来的土地，可以用于其他功能。

把 0.4 公顷地面停车场转变成为车库式停车场的费用大约在 125 万美元。这样一个占地 0.4 公顷的车库式停车场能够容纳 2—2.4 公顷地面停车场上的车辆。假定开发商已经按照最初的开发计划购买了停车场用地，那么，转变停车方式的费用就成为了实际能够节约出来的土地的费用。

联排住宅和公寓楼有可能承受这些节约出来的土地的价格，甚至能够建在停车场上面。在办公区增加住宅的另一个优越性是，办公和家居的高峰时段在方向上是相反的。人们离家去工作与人们到办公室来工作是交叉的，晚上，方向正好倒过来。大部分边缘城市开发的限制因素是公路容量，而不是区域规划，在没有大规模道路建设的情况下，对土地互补性使用是增加人口密度和土地价值的一种方式。第 10 章将提供一些例子说明，车库式停车场能够把边缘城市转变得更像真正的城市。

人口密度的增加开始创造出能够依靠快速公交服务的场地来。如果新的快速公交线允许建筑业主减少地面停车场车位的比例，那么，节约出来的土地就能够用于其他可行的开发。

快速轻轨交通

华盛顿特区大都会区公交系统是美国最为综合性的新的轨道公交系统。纽约、波士顿、费城和芝加哥均有综合的轨道公交系统，当然，它们都很旧了。海湾地区、亚特兰大和其他一些城市也有新的轻轨系统，但是，它们并非服务于整个区域，而华盛顿大都会区公交系统做到了这一点。华盛顿大都会区轻轨系统为其他那些打算使用现代大都会区区域轻轨系统的城市树立了榜样。

交通问题不会因为有了一个好的大都会轻轨系统就会自行解决；华盛顿特区常常被认为是美国排名第二的最糟糕的公路交通地区，洛杉矶则排在第一位。大都会轻轨系统并没有阻止蔓延的继续发展；华盛顿大都会区蔓延非常迅速。华盛顿大都会区轻轨系统大约是在一代人以前规划的，这个系统没有很好地考虑郊区到郊区的出行，当然，那些通过哥伦比亚区的出行另当别论。

华盛顿大都会区城市铁路系统承载了大量依靠火车上下班的乘客，把他们送到哥伦比亚区和沿城铁线路在马里兰州的贝塞斯达和银泉，弗吉尼亚州的阿灵顿县等地发展起来的就业中心。同时，华盛顿大都会区城市铁路系统也影响了马里兰州乔治国王县的新卡罗尔顿和弗吉尼亚亚历山德里亚附近地区的开发。因为华盛顿大都会区城市铁路系统沿费尔法克斯县66号公路运行，所以，与两边隔离开来，还因为华盛顿大都会区城市铁路系统没有延伸到迅速发展的弗吉尼亚劳登县杜勒斯机场以外北部地区，所以，华盛顿大都会区城市铁路系统对弗吉尼亚郊区的影响相对小一些。

"华盛顿大都会区公交管理局"对它所及的地方已经造成了巨大的影响。这些地方经历了聚集和高强度的开发，正如库哈斯等人预言的那样，这种开发不可能再次出现。

公交导向的设计

联邦政府所在地决定了华盛顿的基本结构，如同大部分其他美国城市一样，一代人之前，华盛顿曾经布满了停车场，现在，华盛顿紧凑的和高强度的开发只能通过公共交通来实现。"华盛顿大都会区公交管理局"承诺，对街道采取连续街道立面式的开发，如同巴黎的大马路那样去发展K街[1]，这条街现在已经相当富丽堂皇了，当然，有些建筑不如以前了。华盛顿对高度的限制也是产生这类独特开发形式的一个因素，参见第13章。

1　K街（K Street）是华盛顿特区的一条贯穿性大道，许多智囊机构、游说团体和顾问团体聚集在这条大街上。K街现在意味着华盛顿游说产业的代名词。——译者注

弗吉尼亚州的阿灵顿县已经有效地利用华盛顿大都会区城市铁路系统，围绕火车站，建设真正的城市地区。这项工作开始于20世纪60年代的罗斯林（图3.4），使用了当时盛行的第二层步行道，这是一个缺陷，以后又围绕法院站和巴尔斯顿站建设这类真正的城市地区（图3.5）。五角大楼站现在是大型零售中心。在蒙哥马利县，贝塞斯达从一个典型的郊区城镇发展成为重要的城市中心，那里有办公室、公寓楼和非常聚集的餐馆。

华盛顿大都会区城市铁路系统在它们的车站建设了48000个停车位，大部分车站的停车位每天都是满的。每一个车位都停一辆汽车，否则，这些汽车都会进入城市铁路服务区，从而导致道路拥堵。许多乘客被送到车站或步行来到车站。

俄勒冈州的"波特兰大都会区2040年规划"（图3.6）是以这样的假定为基础编制的，高强度地开发公交车站周边地区，可以在现存的增长边界内完全吸纳预测新增的人口。彼得·卡尔索普（Peter Calthorpe）是波特兰规划过程的顾问，他编制了一组规划图，说明了如何沿着波特兰区域公交线路的代表性位置来实现这一规划。波特兰郊区的奥伦科车站（参看图2.7）就是在一定程度上实现这个原则的案例。[1] 当然，在公交车站步行距离内的紧凑型中心已经建立起来的时候，围绕火车站的周边土地一直都没有得到开发。

卡尔索普一直致力于实施他的"步行小区"理论。使用快速公交重新沿着公交线路建设郊区区域，公交导向的开发并不替代小汽车导向的开发，而是增加了一种选择。在公交线路沿线的车站地区，有机会建设办公室或工厂、小零售中心、公寓楼和一般住宅，所有这些建筑与车站仅为步行距离。加利福尼亚州芒廷维尤的克鲁申斯就是卡尔索普公交导向开发实践的案例之一，随着新火车站的建设，把一个衰落的购物中心改造成为新的居住区（图3.7，图3.8）。

高速火车

美国人一直都在讨论日本人和欧洲人使用的那种连接城市中心的高速火车。美国火车公司最近在东北走廊开通了从波士顿到华盛顿的高速火车线。如果这种高速火车的运行能够很大程度地改变城市间旅行的话，那么，就有可能重新讨论其他高速火车走廊的建设，如坦帕至迈阿密，克利夫兰至辛辛那提。高速火车服务的效果是增强火车沿线城市车站附近地区的优势。许多具有竞争性的地区，传统商务中心都比较靠近机场，然而，高速火车能够把乘客直接送达市中心。

---

1 20世纪90年代出现了"公交导向"的开发。这类项目的重点不在传统设计，而是集中解决靠近公共交通节点处的紧凑型和混合型开发。比较著名的开发项目之一是"奥伦科车站"的开发，它距俄勒冈州的波特兰40分钟轻轨火车行驶距离。这个公交村由F·F·艾约特（2001）设计，包括800个居住单元，以及办公室和零售空间，整个场地面积77公顷（波尔，2002）。开发商是"太平洋房地产信托"。混合使用的城镇中心接近主要干道，距火车站400米。波尔（2002：15）介绍说，奥伦科居住区的别墅型住宅售价为50万美元，这个价格提高了波特兰远郊区的住宅最低价格的水平。当火车站和镇中心之间的田野得到开发后，奥伦科可以形成一个中密度公交节点住宅区。到2004年秋，奥伦科居住区的大部分住宅和商店距火车站只有15分钟步行距离；在铁路另一边的奥伦科花园项目接近完工，但是，居住开发还需要时间。奥伦科城镇中心的建筑均采用两层规模，用于零售，停车场在商店背后。距离主干道不远处是独立住宅区，比较小的宅基地为主。尽管波特兰区域承诺推行新城市规划原则，但是，建设"奥伦科车站"这类项目还是需要许多年，住宅价格也不菲。——译者注

图 3.4　公交导向的设计：围绕弗吉尼亚州阿灵顿县公交车站展开的高密度开发。围绕罗斯林车站的开发是按照现代主义的城市设计观念展开的，建设一个上升式广场和第二层的步行桥。

图 3.5　最近这些年以来，围绕阿灵顿县一些车站的开发已经有了变化，更多采用了与传统街道和传统地块相联系的设计方式。

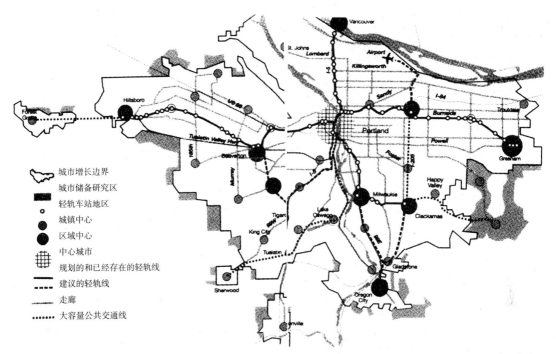

图3.6 "波特兰大都会区2040年规划"显示，沿公共汽车走廊，在现存的城市中心范围内，通过对公交站周边地区的高强度开发，在城市边界内，吸纳新的工作岗位和住宅。这个规划的成功取决于增长边界内的社区是否希望接受增加人口密度。

新型流动性可能恢复老的城市关系

较高的人口密度，比较传统的建筑关系，城市之间的火车和高速火车连接，既不是浪漫主义的，也不是怀旧，它们能够让下一代人的开发产生许多经济意义。

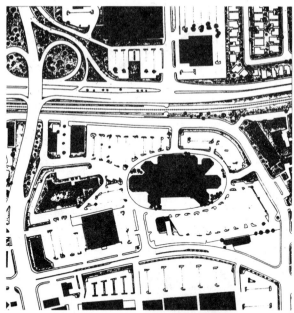

图 3.7、图 3.8 卡尔索普设计
公司（Calthorpe Associates）
是"波特兰大都会区 2040 年
规划"的咨询机构之一，它编
制了克鲁申斯地区的规划，当
时计划随着新火车站的建设，
把一个衰落的购物中心改造成
为新的居住区。卡尔索普编制
了接近公交站地区若干可填充
开发场地的比较规划方案。

第4章 公正性：消除贫困过度集中，可以承受的住宅和环境合理

戴维·腊斯克（David Rusk）以使用统计数据说明公共政策而著称。按照他的研究，美国大都会区，许多贫穷的人是白人和非西班牙裔美国人，以及贫穷的黑人，或贫穷西班牙裔美国人的两倍。当然，腊斯克指出，几乎没有多少贫穷的白人居住在贫困率超出20%的街区，一个社区有20%的家庭处于贫困状态是划定一个街区受到贫困影响的临界值。"仅有25%的贫困白人家庭生活在贫困街区，而另外75%的贫困白人家庭分散居住在整个都市区的工人阶级街区或中产阶级街区里。与此相对比，50%的西班牙裔贫穷家庭和75%的非洲裔贫穷家庭生活在内城和近郊区的贫穷街区里。"

正如道格拉斯·梅西（Douglas Massey）和其他一些研究者已经证明的那样，因为生活在贫穷家庭相对集中的社区里，贫穷问题被放大了。这些街区学校和社会服务有着巨大压力，住宅已经衰败，法律和正常秩序难以维系。如果要让更多的人成功地找到脱贫的方式，需要把不幸的低收入街区转变成为多种收入的街区，所有的街区都需要接受比例不大的穷人。这是一个基本的公正问题。

另外，正如腊斯克使用统计数据说明的那样，集中的贫困有一个很强的种族和民族分离的成分。他的统计数据显示，黑人或讲西班牙语的美国人很难在主流社会的街区里找到住宅。

贫困集中的缘由

人们很容易忽略了官方的政府政策本身就蕴涵着民族隔离和贫穷分离的因素。

从20世纪30年代政府出资建造的公共住宅开始，不仅在美国南部，实际上在整个美国，都建立了专门针对黑人群的公共住宅建设项目。1968年，国会通过了"联邦公正住宅法"，这个法案确定了以分离的方式建造公共住宅，直到2000年，美国住宅和城市建设部部长A·科莫（Andrew Cuomo）才宣布结束以分离方式建造公共住宅的政策，这项政策在执行了大约30年，积累了无数的法庭案例之后，才最终得以废止。新的政策实际上并不影响现存的居住者，执行这项政策的过程是渐进的。

因为公共住宅的建设与清理衰落地区相联系，一旦找到这样的衰落地区，政府使用征用权，购买场地，所以，无论是为黑人或为其他居住者而建设的公共住宅，曾经都选择城市低收入地区的场地。如果在市场上购买一个用于公共住宅建设的场地，这块场地也通常处于土地价格低廉的地区，实际上，联邦政府对每个公共住宅单元的土地成本是有严格规定的。场地购买政策与分离的政策一起决定了把公共住宅集中建设在低收入地区。1969年的芝加哥高特罗（Gautreaux）案例对这些政策提出了挑战，使用公共住宅，强制分离芝加哥的居住模式，是违反宪法的。1976年，针对另一个个案，高等法院坚持认为，分散建设公共住宅是一个补救办法，然而，这种补救办法至今也没有完全解决最初产生的问题。

我们可以追溯到20世纪60年代，当时，联邦政府指望公共住宅管理部门以租金收入维持它们的工作。因此，住宅管理部门把公共住宅仅租赁给那些能够偿付规定租金的租赁者，而这笔租金的数额，是按照维持公共住宅管理部门房地产正常运转来计算的。因为大部分需要公共住宅的人被排除在可以租赁公共住宅的队伍之外，这个政策受到了批判。这样，联邦政府改变了政策，把公共住宅进一步向那些领取社会福利的家庭和需要租赁公共住宅的家庭开放，并且把租金限制在租赁家庭税前收入的30%。然而，联邦政府在改变政策时，并没有提供相应的联邦政府财政支持，以弥补公共房产部门收入的减少。联邦政府依然还要求，公共住宅租赁者在收入超出允许获得租赁权的最高收入时，应该离开公共住宅。结果，租赁公共住宅中比较贫穷的家庭的比例上升，他们偿付比较低的租金，这样，公共住宅管理部门所收获的租金还是难以维系公共住宅的运行，所以，它们只能减少公共服务，包括社会治安。在许多美国城市，公共住宅是贫困人群最高度集中的地方，这样，公共住宅本来是希望给贫困家庭提供一个居住选择，然而，事与愿违，选择租赁公共住宅却是最坏的选择。

约定俗成的限制和划出贷款提供范围

阻止把住宅卖给"非雅利安种族"的购买者，这曾经是一个约定俗成的限制。1948年美国高等法院宣布，不能强制执行这个约定俗成的限制，然而，直到20世纪70年代，实际上，住宅业主和房地产代理商还在支持这种限制。美国"联邦公正住宅法"规定，1968年以后，分割街区是非法的；然而，现实中依然不乏这种做法，许多贫穷街区实际上依然受到分割。一些街区的分割恰恰源于政府的项目。K·杰克逊（Kenneth Jackson）在他1985年出版的著作《杂草边疆：美国的郊区化》中谈到过美国联邦贷款提供范围的问题。[1] 按照杰克逊

1 　杰克逊在他的《杂草边疆：美国的郊区化》（Crabgrass Frontier :The Suburbanization of the United States）一书中记录了这个事实。就圣路易斯大都会区而言，在20世纪30年代，由FHA提供贷款担保的新住宅中，有91%是在郊区，其中50%的家庭来自城市。拿1934—1960年之间联邦住宅局对十个城市和郊区县所提供的贷款担保相比，郊区县接受了大约每人600美元的贷款，而城市县仅仅接收了每人不到60美元的贷款。按照杰克逊的说法，联邦住宅局"把隔离看作它的公共政策来执行"。本来在南部，隔离一直就是既定的公共政策，但是，联邦住宅局把这个公共政策推广到了全国。直到1966年，联邦住宅局才改变了它的政策，把更多的贷款担保提供给城市中心的社区。现在我们所看到的郊区发展模式在那个时候已经定型。——译者注

的研究，1933年新政时期建立起来的一个机构，"住宅业主贷款公司"（HOLC），是一个从事面临拖延或取消贷款抵押赎回权危险时重新提供贷款的机构，这个机构在执行其项目中，把贷款提供范围体制化了。那时，"住宅业主贷款公司"提供的是长期贷款，借贷人以同样数目的月供最终还完贷款，它不同于短期的和可更新的贷款。那个时代，这种贷款方式很流行。在制定国家范围住宅贷款规范时，"住宅业主贷款公司"制定了评估工作制度，当时确定了4种街区，分别用绿色、蓝色、黄色和红色表示。如果认为一个街区具有贷款风险的话，就标志为红色。在"住宅业主贷款公司"所认定的风险因素中，有一条是一个社区是否是一个明显的非洲裔美国人街区。杰克逊列举了"住宅业主贷款公司"当时的规定，当一个街区的地块不大，住宅紧紧地连在一起，不考虑居住和住宅是否已经明显破败，都标记为黄色或红色。而那些郊区的有着大宅基地的，常常还有约定俗成限制的街区，标记为绿色，而那些宅基地相对小一些的街区，则标记为蓝色。那时，"住宅业主贷款公司"规范了它的借贷业务及其偏见，这个规范从制度上和国家层面上造成了持续的影响。

1934年建立的"联邦住宅局"（FHA）和1944年建立的管理退伍军人住宅贷款项目的行政机构"退伍军人管理局"（VA），都使用了"住宅业主贷款公司"所编制的四色街区图，都采用同样的贷款标准，以这种四色街区图作为它们借贷的基础。杰克逊对"联邦住宅局"的评估手册和实施情况进了研究。20世纪60年代，根据"住宅业主贷款公司"所标记的贷款地区，"联邦住宅局"和"退伍军人管理局"一般只向绿色和蓝色地区发放贷款。实际上，"联邦住宅局"和"退伍军人管理局"比起"住宅业主贷款公司"有更广泛的放贷权力，"住宅业主贷款公司"仅有很小比例的住宅贷款用于支持现有住宅的更新，而"联邦住宅局"有权向公寓放贷，主要是向独立住宅提供贷款。

联邦贷款体制本身有着内在的偏见，倾向于给具有较大宅基地的新的独立家庭的住宅提供贷款，从而迎合了第二次世界大战结束后发展大宅基地独立家庭住宅的潮流。联邦住宅贷款补贴使一些家庭有可能去购买莱维敦和其他相似地区的住宅，月供比他们在小城镇租赁住宅或公寓所付出的租金还少。1956年，国会通过了建设跨州公路的大型项目计划，随着跨州高速公路的建设，大块新的开发区域出现了，于是，把家庭从城市吸引到郊区的运动大大加速。

一直到20世纪70年代，联邦政府一直都在对城市里建设公共住宅和中等收入家庭使用的公寓做投资，也为旧邻里实施法规提供资金，然而，由"联邦住宅局"和"退伍军人管理局"调动起来的对绿色和蓝色地区的私人投资规模远远大于能够直接用于老城中那些黄色和红色地区的资金。按照杰克逊的看法，至少到1970年为止，"联邦住宅贷款银行董事会"继续使用显示种族变化标志的歧视区，尽管如此，20世纪60年代，"联邦住宅局"和"退伍军人管理局"已经开始改变它们在城市地区的借贷政策。

私人住房贷款机构一般都追随联邦机构，把旧城市邻里划在提供贷款的范围之外。另外，"联邦国民抵押贷款协会"（FNMA）和"政府抵押贷款协会"（GNMA）帮助银行比较容易地在全美范围内使用它们的贷款基金，这样，一个地处旧小区的储蓄银行也不必对它所在地区放贷。当然，1977年的《社区再投资法》要求银行要对它们获得基金的地区提供一些贷款，还要对银行执行此项政策要求的情况实施定期检查。

已经执行了 50~60 年的联邦政策，创造了或扩大了今天我们在弱势邻里看到的贫困集中和种族分离的模式。这种联邦政策不存在了，但是，直到现在，联邦层次也没有出现相应的努力去纠正这些过去项目所留下的错误。

美国住宅政策加大和改善了住宅供应

联邦住宅政策的确大大增加了拥有住宅的家庭数目，大部分这类住宅是在新建设起来的郊区，同时，在住宅供应上，也有了实质性的增加。最近如同 20 世纪 60 年代一样，旧城地区依然还是存在严重的住房短缺问题。对郊区住宅和增加国家住宅和公寓整体数目的偏好导致大部分城市地区的人口降低。这样，最为衰败的或最难维护的城市住宅"把它自己甩出了住宅市场"。"把它自己甩出了住宅市场"这句话描绘了一幅令人担忧的画面，废弃的建筑，小投资者一生积蓄的消失，人们几乎没有什么选择的那些贫困邻里，都在日益集中起来。

从统计上看，美国正在赢得反对住宅短缺和住宅不合要求的战争。从全国来看，人口普查发现，仅有 1.1% 的住宅缺少完善的供水设施；不到 0.6% 的住宅缺少某种供暖设施（这些统计包括夏威夷，实际上，那里有 50% 的住宅没有供暖设施）；不到 5% 的住宅单元被认定比较拥挤和严重拥挤，即平均每个房间 1.5 个人，这种情况仅占美国住宅单元的 2.1%。美国的住宅单元总数大约在 1.1 亿个（不包括空房），不合标准的条件依然影响着不少住宅。最糟糕的住宅条件正在日益集中在非常少的几个城市街区里和许多受到严重影响的乡村地区。

可以承受的住宅

作为国家整体，我们大规模地减少了住宅短缺的问题，大大提高了住宅的整体水平，但是，"住宅政策中心"仍然估计 1/7 的美国家庭，约为 1370 万个家庭，有着与可承受性相关的住房需求。可承受性住宅一般定义为年度使用在住宅上的费用不到家庭总收入的 30%。美国住宅调查的信息表明，美国家庭收入最低的 20% 的家庭，平均年度用于住宅的费用占他们年度收入的 58%。"住宅政策中心"估计，300 万户平均收入，或中等收入的家庭，正被迫为他们的住宅偿付他们年度收入的 50% 以上。

没有人有精确的数字，但是，美国大概有 60 万无家可归者。许多无家可归者有精神疾患或受到重大伤害方面的问题，还有一些人虽然已经有了全日制的工作，但是，依然不能承受他们的住宅。

大家都同意，住宅的可承受性问题日趋恶化。租金上涨超过通货膨胀率的两倍。在每 100 个寻求可承受住宅的家庭中，仅有 1/3 的家庭可以获得可承受住宅单元。当然，全国范围住宅费用有很大的不同，有些地方比另外一些地方有更多的可承受住宅单元。许多人认为，私人住宅市场不能单独解决可承受住宅的问题，需要联邦政府帮助解决这个问题。许多不同的联邦项目都能有助于缓解住宅可承受性问题，对可承受住宅建设给予征税补贴，直接补贴租金，以各式各样的方式帮助家庭向他们自己的住宅投资，非营利组织建设新住宅或改造旧住宅。如果能够提供足够的资金，这些现存的项目是能够解决这个问题的。"国家低收入住宅联盟"

估计，联邦政府每年拿出 400 亿美元与直接支付和征税补贴相结合，以帮助低收入家庭解决可承受住宅问题。这个机构还估计，通过给抵押贷款利息减税而给予住宅业主的补贴大体在 820 亿美元，但是，这些住宅所有者中有很多实际上属于美国 20% 最高收入群体。这就意味着，问题并不在补贴的原则，而在于谁赢得了这些补贴的政治斗争。

蒙哥马利县价格适度的住宅项目

除了联邦补贴之外，是否还有其他的办法解决可承受住宅问题呢？腊斯克在他的著作《策略内外》中提醒读者关注马里兰州的蒙哥马利县"价格适度住宅单元项目"。20 世纪 70 年代中期，蒙哥马利县通过了一项法令，要求所有住宅建设单元超过 50 个住宅开发项目，所有住宅单元的 15% 必须是可承受住宅单元，以供应占这个县家庭总数 1/3 的最低收入家庭。县住宅局购买这些可承受住宅单元的 1/3，亦即 15% 可承受住宅单元中的 5%。为了防止这个要求引起法律争议，这个县又发布了一道法令，允许增加 22% 的建筑密度（图 4.1，图 4.2）。

腊斯克介绍说，蒙哥马利县大约已经建造了 11000 套这样的可承受住宅单元，教师、警察、零售或服务业的人购买了其中的 2/3，如果没有这种可承受的住宅单元价格，他们是不可能在他们工作的这个华盛顿特区富裕郊区里购买住宅的。蒙哥马利县住宅局购买了 1500 个住宅单元。公共住宅大体分散在 200 个地块上，它们的外观与市场上出售的住宅别无二致，所以，

图 4.1 蒙哥马利县价格适度住宅单元项目要求，任何总数超出 50 个住宅单元的住宅开发都要开发一部分可承受住宅单元，同时，给予建筑密度奖励。上图左边有两个住宅单元，每一个单元的售价为 8.8 万美元，而右边这个连排住宅的售价大约在 25 万—30 万美元之间。而独门独院住宅的售价大约在 45 万—50 万美元之间。下图右边的建筑为可承受住宅单元，一层为一间睡房的公寓，二层三层均为两间睡房的公寓。

图 4.2　蒙哥马利县价格适度住宅单元项目要求，任何总数超出 50 个住宅单元的住宅开发都要开发一部分可承受住宅单元，同时，给予建筑密度奖励。上图左边有两个住宅单元，每一个单元的售价为 8.8 万美元，而右边这个连排住宅的售价大约在 25 万—30 万美元之间。而独门独院住宅的售价大约在 45 万—50 万美元之间。下图右边的建筑为可承受住宅单元，一层为一间睡房的公寓，二层三层均为两间睡房的公寓。

人们也看不出谁是公共住宅的租赁者。

　　腊斯克估计，与蒙哥马利县同一时期，如果费城大都会区实施类似政策，就能够生产出足够的可承受住宅单元和公共住宅，把费城大都会区里那些贫困高度集中地区，如费城、卡姆登、切斯特等地的贫困率降至 30% 以下。腊斯克还对芝加哥都市区和其他一些都市区做了类似的估算。他的结论是，在过去一代人的时期里，如果美国的大都会区都实施与蒙哥马利县类似的政策，能够大大地减少美国集中的贫困，混合收入社区一定会取代公共住宅区。

希望 VI（HOPE VI）项目

　　1993 年，新的联邦法令授权联邦住宅和城市建设部展开所谓的希望 VI 项目。在这个项目下，美国正在逐步拆除 10 万个严重衰败的公共住宅单元，然后用不同收入水平家庭混合居住的社区去替代，包括公共住宅租赁者和偿付类似市场租赁价格的租赁者。这些居住建筑和场地规划按照建设一个永久社区的设想来设计，而不再是过去那种常见的具有临时性的公共住宅项目。这个项目已经取得了初步的良好成果，我们将在第 7 章中介绍其中一些具体成果。

尽管这个项目本身是一个正确的社会政策，但是，在公共住宅场地上建设不同收入水平家庭混合居住的社区减少了有效的公共住宅单元数目。在希望 VI 下展开的许多项目产生了很不好的效果，一些人和相当数目的家庭必须搬迁，不再居住在那里。从理论上讲，项目完成后不再返回到原住地的居民，将通过租金补贴券的方式，居住到私人出租的住宅里。通过这种方式，不仅在原先分割的地区建设了不同收入水平家庭混合居住的社区，而且原先集中居住在公共住宅里的贫穷家庭也会被分散到更大的社区里。这个设想不错，但是，到目前为止还不清楚是否真能把这个设想变成现实。在"各地人们的住宅机会第六号项目"下建设起来的一部分或全部公寓楼，是否最终都会转入市场成为市场价格的住宅，进一步减少最低收入群体可以承受的住宅的供应，这也是一个问题。另外，通过传统的修缮项目，许多公共住宅单元还在继续得到翻修，有些在设计上很像希望 VI，然而，却把贫穷人群继续集中在一个地方。到目前为止，希望 VI 仅仅是一种纠正公共住宅造成贫困群体集中的一种有希望的模式，还谈不上真正纠正这个后果。

环境合理

1994 年，克林顿总统签署了一项执行令，要求领导机构在决定联邦项目时，考虑对低收入和少数民族社区的不良后果。这个指令承认，在这样一些社区里的人们比起生活在富裕社区里的人们更多地受到环境污染的威胁。污染问题紧密地与长期建立起来的土地使用模式相关。在每一个社区里，富裕的人们选择生活在最令人愉悦的地方：比较高的地方，这样，小气候比较好，工业的上风位置上，通常具有最好的视线。人们使用"贫民区那边"来表达这种认识，也就是人们不愿选择去居住的地方。城镇中的这些"贫民居住的"地方通常是工厂、炼油厂和其他引起环境污染活动的所在地。在制定区域规划时，这种土地使用模式得到认可，使它们具有强制性；引起污染的活动仅能在区域规划认定的地方发生，一般来讲，这些地方是已经发生污染的地方。

环境公正的概念关注这类问题，反对不加思考地接受长期建立起来的房地产和区域规划。当然，作出重大变更相当困难。"不要在我的后院"（NIMBY）这句话常常用来描绘与这种问题相关的政治活动。假定一个邻里承担了比别的社区要多的不受欢迎的工业设施，那么把这些工业设施搬到其他地方去，是一个合理的政治判断，然而，把它们放到什么地方去呢？例如，每一个区域都需要水泥搅拌工场，储存水泥和相关建筑材料，在那里搅拌，送上搅拌车，送往建筑工地。这种使用虽然不像垃圾焚烧炉或污水处理厂那样产生明显的污染物，但是，没有哪个街区会欢迎这类储存场地和相关的重型车辆交通。把它们放到哪里去？有可能解决这个问题，又不得罪任何一个实际的利益群体，但是，这必须是在有效的区域规划背景下实现的。老工业城镇的工业区常常与这样的居民区相邻，这些居民区曾经是工人们居住的地方，工人们步行即可到达工厂。这些地区尚存的工业使用应当不再延续下去，或者搬迁旧的居住区。理论上讲，这样做是容易的，然而，没有长期计划，几乎是不可能的。郊区的工业区通常是与居住区分开的，但是，未必一定规划了对周边地区的最小影响范围。区域规划应该从风向、土壤承受性、排水以及道路等角度上考虑工业选址。

环境弥补

许多老工业区现在已经使用不多了；人们称这些污染或疑似污染的场地为"棕地"，与此相反的是"绿地"，开发商当然愿意在"绿地"上搞开发。与"棕地"相邻的街区可能依然遭受着工业生产遗留下来的污染物的影响，同时还受到工业区内或工业区附近的公路、铁路、电站和其他工业设施的影响。

图 4.3 和图 4.4 源于"纽约区域规划协会"和"新泽西第三次区域规划"，它们描绘了在投资不大的情况下，能够对内城老街区做些什么。这个画面描绘的是新泽西纽瓦克帕塞伊克

Copyright © Regional Plan Association/ Dodson Associates 1991

图 4.3 区域规划协会绘制的这张图，描绘了一个典型的工业区，大部分工作岗位已经不存在了，仅仅留下很少一些边沿生意在那里。

河地区，远处背景是曼哈顿的天际线。图 4.3 描绘了新泽西纽瓦克帕塞伊克河地区今天的状况：老工业区，现在几乎没有使用，污染的土地，人工修建的河岸，几乎没有任何一种自然生物支撑着那里。图 4.4 描绘了对河岸边缘湿地环境的修复，河岸湿地可以帮助清理河流。河流边缘的公园可以让与之相邻的土地成为有价值的场地，也许成为都市区边缘的绿色场地和比较好的地方。图 4.4 描绘了新的非污染的工业使用和居住使用前景。虽然此图是想象的，但是，这个画面是对可能发生的前景的一种描绘，当然，最初的投入几乎必须是来自私人房地产市场之外。一旦这个地区得到改善，将有可能成为私人投资的热点，所以，这个地区的房地产价值会上升，而这一部分上升的价值可以用来改善这个地区。实际上，联邦政府支持的项目已经提了出来。随着房地产价值的上升，联邦政府的支持能够得到回报。这笔需要的

图 4.4　区域规划协会绘制的这张图，描绘了前一个地区重建之后的景象，河流和周边地区都得到修复和整理。这类河岸地区整理和修复的实际案例参见图 5.2～图 5.4。

投资并不大：20世纪90年代，波士顿附近的河流水岸整治的费用大体在62500美元/英亩。（参见图5.2~图5.4）

修复房地产投资者绕过去的那些被忽视的城市地区还要求基础设施投资，如修理旧的桥梁，如图4.4所示，建设隔声墙，以保护居住区不受公路和铁路的噪声污染，如同富裕居住区一样，建立新的变电站等。这些投资应该会使房地产价值上升，毫无疑问，也会缓解大都会区边缘的开发压力。需要公共投资的主要理由是，长期以来，这些地区都被遗忘了，而这种忽视常常与明显的歧视有关。在这种情况下，用弥补这个概念来描绘这类投资并不是太过分。

公正的前景

在城市规划和城市设计中的公正意味着，承认官方歧视和不公正在历史上造成了城镇里的那些贫困的和衰落的地区。全社会有义务以新的投资去补偿这一段历史，让这些地区重新具有竞争性。在城市规划和城市设计中的公正意味着，把所有公共住宅区转变成为不同收入水平家庭混合居住的街区，把贫困的家庭融入主流街区中来。在城市规划和城市设计中的公正还意味着，面对可承受性和无家可归的挑战。

低收入家庭居住的街区和城镇中的公路、铁路和变电站应当得到同样的景观建设，建设隔声墙，让它们形成高收入家庭居住街区那种闭合效果。应该整理那些不再使用的工业用地和那些废弃的工业用地，纠正那里的环境问题。

应该从区域发展的角度上，决定长期的重工业、电厂、垃圾焚烧厂以及其他那些无人愿意放在他后院的场地，而这个决定应该成为区域和州域的规划过程的一个部分。

公共政策已经产生了很多不公正，而这些公共政策恰恰是城市和区域设计的基础。所以，需要纠正公共政策本身。

第 5 章 可持续性：精明增长与蔓延

现在，世界人口已经超过了 60 亿。马尔萨斯（Thomas Robert Malthus）牧师因为他的《人口学原理》一直被认为过于悲观，而他的名字总是与这样一个根本问题联系在一起：人口以指数速率增长，而可以用来居住的土地则是不变的。当然，人们已经发现，在成熟的社会里，人口趋于稳定，在马尔萨斯 1798 年发表他的论文时，人们完全不知道今天农业进步所能达到的食物生产率水平。有些专家认为，世界人口达到 100 亿时，将会停止增长，没有马尔萨斯所说的调整因素：战争、饥荒和疾病，世界也会有足够的食物来维持世界人口的生存。

在没有核战争、世界范围的瘟疫、灾难性干旱或其他产生饥荒的事件发生，人类果真成功地实现了人口稳定时，100 亿人会怎样生活呢？如果有着 13 亿人口的中国成为发达国家，60% 的人口居住在城市地区，那么，从 35% 的城镇化水平发展到 60% 的城镇化水平，大约需要新增 3 亿城市人口，而这是 20 个纽约的人口，或 10 个东京的人口。同样的变化也能在印度和一部分非洲出现。每一个人都会效仿电视或电影上看到那样，拥有私家车和省力的家用电器？如果中国和印度的家庭车辆保有率达到与美国相近的水平，会发生什么呢？这些需求会给世界资源带来何种压力？在消费如此之多资源的条件下，地球能够处理污染吗？

世界的资源正在使用殆尽，实践证明，马尔萨斯的这个预见目前还不是事实。我们已经找到了新的石油资源和其他自然资源，或者说，我们的新技术已经替代了旧的资源依赖性的技术。目前为止，燃烧物和其他污染物还没有导致地球生态系统的不稳定，当然，臭氧洞和全球气温上升正在向我们发出警告。对污染问题的答案也许来自新的发明，减少汽车污染或使用光伏资源提供电力，而不是迫使人们作出艰难的消费选择。

这些问题是本书所要讨论问题的背景；它们提醒我们，可持续性问题有多么重要，在建设一个可持续的未来上，美国和其他发达国家如何承担着不可推卸的责任。

蔓延和可持续性

目前采用的大都会增长和发展模式，是我们现在面对的最大的可持续性问题。美国不仅因为自己的原因要解决这些问题，而且还因为其他迅速发展的国家还在以此作为一种模式加以效仿。2000 年的人口普查预测美国人口达到 2.81 亿，美国的人口并没有按照解释大都会发展的增长率那样增加。大都会边缘的森林和农田正在以高于地方人口增长 4-15 倍的速率被转换成为建成区。在一些地方，如克里夫兰大都会区，在区域人口实际萎缩的情况下，农业用地还在转变成为城市用地。所谓增长，实际上是把人口从这个地区的一个地方搬到另一个地方，从旧城和郊区，如圣路易城和县，搬到大都会区边缘的新地方去。旧城街区里的现存街道、设施、学校、教堂和其他建筑物越来越闲置起来。例如，费城有 15000 幢空置的居住建筑，30000 块空置的宅基地。城市边缘的发展需要新的道路和基础设施，新的学校、教堂和其他机构。在这个背景下，在现存的城市街道上填充建设起一幢常规的住宅，对可持续发展的未来的贡献，远比在乡村建设一幢太阳能住宅要大得多。

就资源如钢构架、铜材、木材等的利用而言，翻修一幢市中心的办公楼，对可持续性的贡献，比起在郊区办公园区建设一幢"绿色"建筑要大得多。

蔓延式的发展模式意味着更大的交通流量。美国的整个机动车公里数比起用新手上路所解释的数目要高出 4 倍。在 20 世纪 70 年代，个人驾驶人全年平均公里数为 7217.9 公里，而到了 20 世纪 90 年代，个人驾驶人全年平均公里数为 10187 公里。在同一时期，每一辆车平均每次出行的距离从 13.96 公里增加到 15.2 公里。估计美国人每天因为交通拥堵而损失了 160 万个小时。尽管每辆车尾气排放的污染物减少了，但是，氮氧化物的排放已经高于安装污染控制设施前的水平。"美国环境保护局"预测，2005 年以后，臭氧和颗粒物污染将会超过原先的水平，这就证明，仅仅依靠技术不能解决机动车污染问题。

蔓延式的发展正在摧毁着基本农田，那些基本农田紧靠城市，而城市是作为农业区域中心而开始其发展的。蔓延式的发展意味着从草坪和停车场产生更大的雨洪排水量，而这样排放的雨水夹杂着更多的污染物。蔓延式的发展把资源和发展从现存的城市和郊区带走，从而使现存城市里的居民们更难以找到工作。在一定程度上讲，旧城和老郊区与新开发地区共用一个上下水系统，比较老的地区的人们正在用他们支付的水费补贴扩大服务系统的费用。

精明增长和俄勒冈州的波特兰

"精明增长"已经成为那些倡导更好的都市发展政策的品牌。精明增长有三个基本元素。首先，不再鼓励继续改变都市边缘的农业用地功能。其次，找到填充式开发的途径，通过旧城地区的更新，让它更能吸引投资者和消费者。最后，通过整合都市区域的交通系统，减少对小汽车出行的依赖。

俄勒冈州的波特兰大都会区执行了限制城市边缘增长的计划。这种限制城市边缘增长的计划很成功，也很不一般，它已经成为人们反复引用的例子，以致许多人已经厌烦再听到这种复述。他们认为，波特兰并非一个典型的美国城市，波特兰的经验也不一定放之四海而皆准。波特兰的居民们也不认为一切都是那么圆满；他们并非处在没有争议的境况之中，他们已经实现的进步还有可能反弹。

自 1973 年以来，俄勒冈州一直都有一个综合性的土地使用法。[1] 这项法律的最初目的之一就是保护那些正在因为发展而有可能丧失掉的有价值的果园和农田。麦考尔（Tom McCall）州长和倡导良好规划的联盟当时的确富有远见卓识。自这项法律公布以来，每一次立法会议都试图废除这项法律。这项法律要求俄勒冈州的每一个城市都要划定一个增长边界线，州政府不提供任何资金去建设超出这个边界线的基础设施。当时划定的增长边界非常宽松，以致能够消纳很长时期的扩展，而在边界内，常规的开发模式并没有作出改变。这个法律还有这样的条框，在增长限度已经跨越的时候，允许重新划定增长边界。

然而，这项法律已经让波特兰形成了大多数美国城市所不具有的都市特征。在这个区域的许多地方，道路的一边是高密度开发的郊区，而道路的另一边则是农场。波特兰的城市边缘很像欧洲城市的边缘。欧洲实施了类似的划定城市边界的政策。在增长边界内，大部分最近的开发与其他地方的郊区蔓延如出一辙，但是，若干波特兰街区的重新投资规模是大部分美国城市不可比拟的。如果没有这项法律，很难想象波特兰市中心依然会是这个区域的中心。

波特兰的轻轨系统也是帮助这个区域结合在一起的另外一个因素。1979 年建立的"都市服务区"旨在协调这个区域的增长规划和设计都市区的交通系统。1992 年，这个区域改革成为具有民选区域政府的大都市。新建立的大都会区政府的主要成就之一就是，在 1994 年，通过了"2040年区域增长概念"（参见图 3.6），这个规划显示，完全能够通过建设完成综合快速公交系统，把新的建设保持在目前的增长限制内，围绕公交车站集中发展高强度的居住建筑和商业建筑。公众最近又返回这个规划，通过发放公债，建设新的轻轨系统，购买开放空间，改善现有的公园。

其他州的增长管理项目

州行政管理当局具有权力，去规定土地使用和开发，当然，州里一直都是把这个权力委托给了地方政府。管理好它们社区的未来，至今还是一个重要的地方问题，可是，大都会区能够包括十几个，甚至上百个不同的地方政府。波特兰模式的特殊意义在于，州里提出"增

1　1973 年，俄勒冈州通过了一套州的规划法，包括《波特兰城市扩展边界》（UGB），1976 开始试用，1979 年正式实施。当时，为了避免投机和开发，以保护农田为目标而确定了扩展边界，它的确达到了这样的目的。边界抑制了蔓延，但没有转变蔓延的性质——也没有打算去改变它。尽管 1979 年专门成立了一个区域管理机构来处理城市扩展边界问题，但是，它还不足以改变郊区发展的蔓延性质。在这个意义上讲，俄勒冈州人基本上误解了《波特兰城市扩展边界》。他们并非指望用《波特兰城市扩展边界》改变界内的发展方式。事实上，所确定的边界不是固定的，在法律上为改变它们留下了弹性。事实上，1976 年建立的边界线是很宽松的，特别是 80 年代的经济萧条（1983 年这个区域实际上失去了人口），20 年的发展也许才到达这条边界。即使有了《波特兰城市扩展边界》，这个区域的土地使用和基础设施投资仍然是随心所欲的。直到 80 年代末，事情越来越清楚，这种随心所欲的土地使用方式和无拘无束的投资需要改变。许多人都认识到，保存开放空间和农田是重要的，但是，对于一个有效的地方规划而言，这是不够的。90 年代初，人们开始提出了调整政策的若干设想，同时，提出了区域远景的具体内容。俄勒冈州新的《交通规划规则》要求，人口大于 25000 的城市需要修正他们的交通规划，以提供更多的交通方式供人们选择，它还要求以易于步行的方式设计沿公交线的步行道和街区内的连通道。俄勒冈州的四个都市规划组织必须制定减少人均汽车旅行英里数（VMT）的交通规划。另外，俄勒冈州的区域管理机构在它的《区域城市增长的目标和宗旨》中开始提出，人均汽车旅行英里数（VMT）的增量，同时，提出了制订新的区域规划的任务。1992 年，俄勒冈州的区域管理机构开始制定《区域 2040》。——译者注

长边界"这样一个相对简单的规划要求，就使城市承担起区域增长管理的责任。

现在，美国大约有 1/4 的州，要求地方政府参与某种区域增长管理。田纳西州最近开始执行增长边界法规。佛罗里达州通过同时存在原则来比较结果，即一项开发在没有必要的交通和基础设施的条件下可能不会得到批准。由州里协调的区域规划理事会负责审查每一个城市的未来增长规划。华盛顿州的增长管理法既使用同时存在原则，也使用增长边界。

美国有些州采用了比较有力的措施。夏威夷州有一个州里的规划，而且保留着开发许可审批权。佛蒙特州把产生区域影响的项目开发许可权收回到州里。

另外一方面的问题是州层次的规划程序，这些规划程序基本上是咨询性质的。佐治亚州有州里出资完成地方开发项目的传统，所以，州里的法律对地方规划提出要求：服从州里规定的地方能够得到更多的资金。新泽西州州层次的规划是一个政策性文件，指导对现存开放空间和农田的保护，首先向现存的城市化地区拨款。州里的规划通过州规划委员会、县规划委员会和地方政府"交叉接受"程序得以批准。因为规划图仅仅是一个建议，所以，现在还不清楚这个规划是否能够实现其目标。犹他州最近建立了一个"质量增长委员会"，这个委员会的作用是，给州立法机构提供咨询，给地方政府提供技术帮助。这个委员会的建立曾经被认为是一大进步，它在"犹他前景"的编制过程中，引进了公众参与过程，在这个过程中，公众被分成若干个小组，决定未来增长应该指向哪里（所以，参与规划也是自我教育，如果这个州的增长按照预期去实现，不可能回避较高的密度），通过投票，请公众选择四个增长前景之一。（参看序言中当时使用的选择图表）最终胜出的是"C 方案"，这个方案的基础是，把新增长建立在可以步行的社区，估计这样做的基础设施费用最少，而空气质量最高，同时，与"A 方案"相比，能够节约更多的土地和水资源，而"A 方案"实际上是一个标准的蔓延模式。

1992 年的马里兰规划法对地方总体规划提出了标准。1997 年，马里兰州又通过"精明增长"法规，这项法规是一套具有互补性的不同措施，用来限制大都会边缘地区的增长，把增长方向重新调整到现存社区里来。这个法规没有使用"增长边界"这个术语，但是，州里的财政支持仅仅用于那些已经开发了的或部分开发了的地区。州政府还拿出财政资金去购买关键乡村土地。对老地区的"企业分区"进行开发，可以得到奖励，还有一些使得整理棕地比较容易得到实施的措施。

另外还有一些州虽然有了规划法规、环境影响评估法规，或其他类型的增长管理，但是，要想所有的州都强调这些问题，还有很长的路要走，实际上，增长管理是一个增长管理体制，它覆盖了整个国家。

由于人们并不普遍认为，有限增长的观念是一个美国的观念，所以，实现精明增长的最有效途径是从引起蔓延的原因上解决问题。例如，加拿大安大略省要求，把乡村土地改变成为城市用地的开发商必须支付所有新建基础设施的费用。另外一个有意义的方式是，把精明增长与教育开支联系起来。

财政分配不公平是引起蔓延的一个原因

现行的开发模式从老社区抽取税收，特别是大城市的近郊区。同时，大都会边缘迅速发展的新社区需要花费巨大的财政资金去建设新的学校和基础设施。在同一个大都会区里的不同社区之间，在争取财政支持上展开了导致严重问题的恶性竞争，每一个社区都给购物中心、汽车销售、办公园区和其他非居住土地使用者提供优惠，这类非居住土地使用既能够产生税收，又不承担学校建设费用。新的购物中心和办公园区把旧的购物中心、商业街和办公大楼的价值吸引到了大都会边缘地区。同时，它们给乡村社区造成新的开发压力。

几乎没有几个地方有在区域范围共享销售税的制度。从税收角度考虑，个别社区在作开发决定时没有多大的压力。许多州在校区之间采用了平均分配的方式，以减少财政收入多寡对学校的影响。有一个例外，明尼苏达州的明尼亚波利斯和圣保罗双城大都会区的确有某种房地产税共享形式存在。但是，明尼亚波利斯和圣保罗双城大都会区现在已经向外蔓延，超出了原先确定下来共享房地产税的那些社区。

从根本上讲，共享计税财政收入是建设可持续发展大都会的一个途径。使用平均分配教育资金的政策，老社区就可以不再担心，它们那里的学校会因为房地产税下滑所引起的财政拮据而崩溃。改善的学校体制，会给在老居住区或原先的工业场地进行填充式开发，消除一个巨大障碍。家庭将会有更多的选择留在城里，或搬回传统的紧凑型街区来。

如果把一个大都会区看成一个财政实体，就可能创造机会来发展快速可靠的公交系统，而这样的公交系统反过来又会推进步行街区和紧凑商业中心的建设，减少人们对小汽车的依赖。除开减少空气污染外，比较少的驱车出行也能节约家庭开支。有人估计，每一辆小汽车每年大约需要 5000 美元（通常是税后的）运行费用。如果人们在步行距离内生活和工作，加上良好的公交系统，如华盛顿特区的公交系统，就可以节省下家庭很大一笔开支。

为什么所有的社区都应该制定环境法规

伊恩·麦克哈格在他的《设计结合自然》（Design With Nature）一书中评估了多种类型的自然景观如何维持发展，描绘了通过自然系统图，为道路和建筑物选择最适当的场地和排除不适当选址的方法。麦克哈格的理论转换成了区域规划的要求，莱恩·肯迪格（Lane Kendig）和其他一些人完成了两者之间的连接。大部分区域规划成为一个地块所在地区颁发开发许可证的基础。肯迪格提出，按照土地使用对环境破坏的敏感性修订地方区域规划。充分考虑最适当的土地，而对那些最不适宜于开发的土地，如水下的土地或湿地，完全不考虑对其进行开发。而对于介于二者之间的土地，在考虑开发对环境破坏的敏感性的基础上，计算出不能开发的百分比。这种制度简单且客观，能够在不修正区域规划条款的情况下，增加任何行政命令。这种方式能够统一的应用于每一个房地产，这就意味着，它满足了一个重要的、法定的测试。

宅基地划分条例规定了如何把一整片土地划分成为一个个建筑地块，所以，宅基地划分条例也能够在土地使用政策上用来作为考虑环境问题的一种手段。宅基地划分条例能够专门规定，不应该改变自然的雨水径流水道和自然的坡度，它也能要求开发商说明，建筑如何避开塌陷坑，避开容易受到侵蚀的土壤，避开对土地形状的改变，避开任何泄洪区和湿地。另外，还能够提出要求，建筑建成后，并不改变雨水原先流过这个地方的速度。

有些社区希望在它们区域规划和宅基地划分规范上增加涉及环境保护的条款，与此相关，还需要增加分级保护和保护树木之类的条款。没有经过允许，不应该使用推土方式改变地形和砍掉大型成熟的树木，而这类许可应该成为批准建设项目的条件。这类条款应当赦免农业活动和居民所做的微小的景观改变。没有这类保护，开发商在申请批准前就会清理和认可这类房地产。

环境区域规划，以及在大部分地方区域规划条款中都能找到的规划的单元开发选择，与宅基地划分条框相结合，能够保护自然雨水排放系统和生态系统，实际上，它们构成了一个比较适合于开发的地区的开放空间架构（图5.1）。

虽然环境影响法规要求对有利的和不利的重大环境影响作出评估，遵循环境区域规划的开发应该几乎不对自然环境造成任何不利影响。实际上，地方土地使用法规允许的开发和沿岸分区管理以及其他形式环境审查允许的开发，可能存在着冲突，所以，环境区域规划还应该去减少法规之间的冲突。环境区域规划，地块划分法规，分级和保护树木法令，都能够保护社区不受一些蔓延恶劣后果的影响，但是，这些法规能够导致稀疏开发和蔓延式开发，占

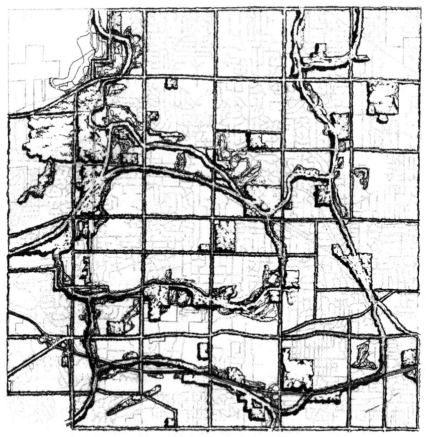

图 5.1　坎宁安集团（Cunningham Group）编制的一个规划，这个规划显示了贯穿威斯康星州布鲁克菲尔德市的公园和自然系统。说明有可能建设一个公园和开放空间系统，这个系统不仅限定了城市街区，而且还保存和管理雨水，并防止发生洪水。

用更多的自然景观，从而产生蔓延的另一方面不利影响。所以，还需要另外一些法规，建设紧凑型可步行的社区；我们会在随后的街区和开发法规等章节里，再谈这个问题。

保护开放空间的直接方法

一个具有最敏感的自然系统保护的已开发的地区仍然是一个发展的地区。许多地方期待保存自然系统的完整性。保护一个自然景观的最简单途径是，一个公园系统或景观基金购买这个自然景观，或者一个公园系统或景观基金以礼品的方式接受这片土地。

如果这块土地是一个农场或滨水场地，有可能以风景名胜地役权的形式或者其他地役权的形式，购买或得到馈赠这个地方的开发权，从而让这个地方不用于高强度开发。购买土地或开发权不便宜，用于此项购买的基金通常是有限的。然而，以公投方式募集资金常常成功。公众对保护自然景观的支持是明确的。

如果州和地方政府当初有远见的话，它们现在就一定能够节省大量景观保护的开支。随着新的道路的建设，自然地区面临更大的开发压力。州里的交通部门对新的道路开发和建设次序有着各式各样的管理。公路路径设计标准之一应该是，不要让道路穿过敏感的风景区，这样，不给后继的开发留下机会。在大多数公路建设决策中都已经考虑到了这个问题不太可能。

利用公共资金购买开放空间势在必行，也是昂贵的，因为农业用地和森林土地已经作出了可以开发的区域规划，特别是那些具有大型宅基地的居住区。为什么事情会发展成为这样？许多州的法律规定，对于农业用地和森林用地在区域规划上仅限于农业和森林使用，一旦决定作出，适用于任何地方。对农田做居住区的区域规划可以让地方政府对它征收房地产税，从而鼓励银行以可能的房地产价值来给农户贷款，让未来的开发不可避免。

有些社区通过开发权转让已经处理了对农业土地的这类区域规划。农户能够把他们的区域规划权出售给开发商，而开发商能够在适当的地方建设密度比较高的住宅，而不是低密度地把整个农田全部用于建房。理论上讲，这种想法应该是行得通的；实际上，大部分地方政府已经习惯于通过变更区域规划的形式让开发商得到比较高密度的开发许可。为什么开发商应该购买地方政府打算转变其土地使用功能地块的开发权呢？为了让"空置空间权"制度成功，地方政府必须作出这样的承诺，除非开发商购买空置空间权，否则不会批准较高密度的开发。实际上，还有其他一些复杂的事务。购买未来的开发权不如购买现在的开发权。能够把开发权转移到另外一个区域上也依赖于原先的区域规划是否允许这类转移。如果我们通过购买我们自己地块上的空置空间权，以便使我们地块上的住宅数目增加一倍，那么，邻居在没有购买这个权利的前提下，进行同样高密度的开发，有错吗？允许一个业主进行开发的区域规划为什么不适用其他人呢？开发权转移看上去是一个不难回答的问题，实际上，并非如此。

作为一个设计问题的区域规划

在理想状态下，除开作为一个区域的自然资源规划的一个部分，否则，没有任何农业土地可以转变成为城市使用的土地。地方政府将按照地方自然系统图开展工作，这些自然系统图显示了雨水排放模式，具有斜坡特征的地区，具有成熟树林的地区，土壤易于受到侵蚀的地区。伊恩·麦克哈格和菲利普·刘易斯（Philip Lewis）倡导的那种图示方式将会显示哪些地方适合于开发。

公路和其他交通设施将只与那些能够用于开发且不对自然环境构成严重威胁的地区相连接。那些制订了农业和森林区域规划的地方是乡村中不应该进行开发的部分。其他基础设施，如上下水系统，也仅仅建设在那些环境上适合于开发的地区。

这种类型的区域规划并不显示哪些地区能够开发或应该开发；也不决定什么样的开发应该发生。这种区域规划把自然环境的稳定性看作一种公共政策问题，而不是其他问题的副产品。这种区域规划将给增长边界和同时存在的决定增加一个目标。

整治城市地区的自然景观

人们很容易遗忘了这样一个问题，城市化地区依然受到自然力的约束。安妮·惠斯顿·斯本（Anne Whiston Spirn）曾经证明过，贫穷城市社区里的衰败的住宅与恶劣的地下状况之间的联系，这种具有恶劣地下状况的地区本不应该开发。斯本根据报纸上的报道，通过对街道规划和较早的地形图进行比较，追踪研究了费城西部地区出现的地面下沉和住宅坍塌的案例，她发现所有这些住宅都是建设在一条径流上，那条径流已经成为一条涵洞。

富人住在山坡上，穷人住在凹地里，这是一条城市生活的公理。现在，城市人口比原先的密度小多了，洼地、排洪区这类土地一旦闲置起来，最好建成公园，如果在那里再新建一代建筑的话，同样的问题还会发生。

沿波士顿米斯蒂克河的那些空闲的工业用地已经成为利用废弃场地建设城市公园的很好的样板，当然，那里的土壤已经受到污染，对植物也是不利的。因此，通过使用混合黏土层覆盖，让地面逐步成为植物可以生长的土壤，而没有把土壤从其他地方搬来。第一阶段开发涉及 32 公顷的面积，整个投资为 500 万美元（图 5.2~ 图 5.4）。

图 5.2 在修复成为公园之前，沿波士顿米斯蒂克河的废弃场地，以后，由卡罗尔·约翰逊设计事务所规划成为公园。

图 5.3　土地修复过程。大量现存的土
壤受到污染，不适合于植物生长。通过
使用混合黏土层覆盖，让地面逐步成为
植物可以生长的土壤，没有从其他地方
运土来。

图 5.4　工程完工后的公园，小区和区域的一道风景线。

第二自然实验

　　城市化地区会一直处于被开发状态吗？建筑或铺装了的表面覆盖了洛杉矶市 60% 以上的
土地。维持洛杉矶需要的水通过长距离渠道引入这座城市。洛杉矶的平均年度降雨量约为 381
毫米，仅能供应这座城市 50% 的用水量，而这一部分用水通过渠道进入污水系统，而不是用
来补充地表水或浇灌草坪和树木。树叶、树枝、修建草坪后的垃圾，占这个城市填满垃圾总
量的 30%，而不是作为覆盖物重新转化成为土壤。

洛杉矶一个称为"树人"的组织，创立了一个"T.R.E.E.S"的项目，倡导有助于管理整个城市基础设施的自然系统。这个组织起源于一个推进植树的组织。单体的住宅和建筑能够通过容器捕捉和储存屋顶上的雨水，如同百慕大居民和其他一些地方习惯做的那样，那些地区淡水十分缺乏。屋顶上的水能够经过过滤和处理以后，供家庭使用，或用来浇灌树木和花园。入户通道和停车场上的雨水能够直接储存起来，经过过滤，补充地表水，减少或消除洪水威胁。树木和耐干旱的植物能够改善地方小气候，减少空气污染。一个由联邦和地方机构形成的联盟资助了洛杉矶一个设计研讨会，研究针对5种场地如何应用上述观念：单体住宅、公寓楼、中学、商业街和工业场地。政府可能给予了增加这些设施的住宅业主，至少对中低收入的家庭，某些奖励，用来改善中学的资金，通过学校更新项目拨发，而其他场地的改进费用计入未来的更新或重建费用中。减少污染、减少洪水威胁和改善供水的收益是巨大的（图5.5）。如果能够把这种方法用于所有的住宅、政府建筑和商业建筑，它们能够在一代人的时间里，整个改变这个区域（图5.6~ 图5.8）。

问题	变化的数量	每年价值（万美元）	30 年价值（万美元）
灌溉用水	100% 减少（从 108 英亩 – 英尺 / 年到 0 英亩 – 英尺 / 年）	35.33	1010
家庭用水	40% 减少（从 54 英亩 – 英尺 / 年到 32 英亩 – 英尺 / 年）	7	210
洪水管理	100% 减少（从 21 英亩 – 英尺到 0 英亩 – 英尺，133 年一遇）	8.82	264.75
水污染	200% 减少（现场处理平均年降水量的全部降水）	2.66	79.8
空气污染	300% 减少（300 棵树和藤蔓）	0.1058	46.8
绿色垃圾	100% 减少	0.7	21
以 30 年为期，计算所有修复的合计价值			1682.35

图 5.5　洛杉矶工作小组对环境干预所做的研究，以货币值计算。这是吸引企业高层和公共官员关注的一种方式。

图 5.6　在一个停车场的两排停车位之间的景观岛，景观岛下包括一个生物过滤系统，耐旱的植物和遮阴树。停车位呈斜坡状，以便在下雨时收集和过滤雨水。

图 5.7 沿着学校墙壁的花架
子遮盖了水槽，而这些水槽储
存着来自房顶的雨水，这些储
存下来的雨水能够用来灌溉相
邻的运动场。

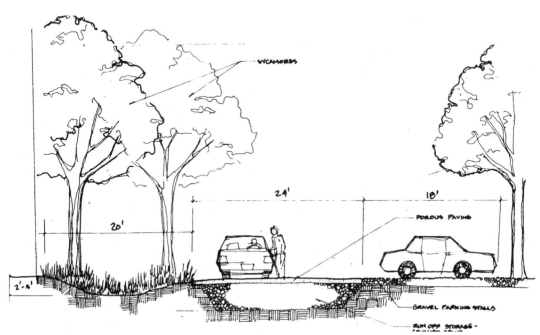

图 5.8 这个断面显示，一个可渗漏雨水的停车位，下水沟倾斜角度足以支撑遮阴树。在这个停车道下是碎石铺装的
沟底，用来储存雨水。

棕地再开发

棕地最初指受到工业污染的场地；但是，这个术语现在使用范围大多了，泛指所有的城市闲置用地，与乡村绿色用地相反。很不幸的是，这个术语给人们一个印象，似乎所有的城市用地都有污染问题，真正存在污染问题的城市土地实际上罕见，通常源于原先的工厂或储存场地。

国会和州里的立法机构已经通过了严格的法律，保护公众免遭环境污染。问题是购买受到污染场地和希望使用它的任何一个人成为负责清理的责任人。没有实际清理，很难确定污染的程度，所以，很难估计清理的成本。污染场地的新的所有者同时购买了这个污染所产生的后果，可能是购买之前产生的损失，例如，对地下水的污染，实际上，新的业主与问题的产生并无关系。法律要求一个污染场地需要完全清理，不考虑究竟计划如何使用这个污染的场地。大家的一般意见是，覆盖一些土地，用于公园，比建设住宅的清理标准要低一些，因为住宅不仅供人居住，而且还有可能种植蔬菜，儿童可能会在院子里玩耍。

大量工业场地已经空闲多年了，并非它们没有使用潜力，而是因为它们所承担的环境债务，以及高额的清理费用，让开发商绕道而行。

现在，各州正在通过建立场所清理项目基金，承担场外环境债务，建立相关于未来使用的清理标准等办法，帮助那些希望购买污染场地的开发商。这些措施正在开始解决开发内城空地的投资利益问题。

宏观环境问题

联邦空气质量和水质量法律已经建立了目前还没有实现的标准。工业污染源已经找到，正处在清理过程中，污水处理工厂已经建立起来；剩下的是日常生活引起的污染，汽车尾气造成的空气污染，雨水从地面夹带的污染物而形成的对河流和湿地的污染。

长期以来，人们假定，比较清洁的汽车能够解决大都会区空气质量不能满足联邦标准的问题。但是，小汽车出行次数的增加，以卡车为基础建造的低污染标准的运动性机动车，都能抵消依靠技术而产生的收益。

如果达到联邦空气质量标准的唯一办法是减少小汽车出行次数的话，减少空气污染就成了一个城市设计问题。

相类似，环保局最近才开始强制执行水道的法定标准。满足这些要求也包括了城市设计和规划的问题。有些污染物是由动物粪便和农业肥料构成的，然而，郊区住宅的前后院，高尔夫球场，也产生这类污染物，从停车场流下来的雨水夹带着汽油中的污染物进入河流和地下水。城市里的雨水常常流进下水管道系统，下水管道系统产生了长期以来都没有解决的水污染处理问题。没有下水管道系统的地方，雨水需要留驻和过滤，而这些系统需要在每一个开发中进行设计。

什么是可持续性的机会

任何一种精明增长究竟有怎样一种可能的前景呢？要回答这个问题，我们必须回答另一个问题：选择什么？

目前的实际增长政策意味着，旧的城市街区和老化了的郊区正处在退出历史舞台的过程中，城市边缘的新社区正在替代它们。旧街区和老郊区的学校关闭了，而新的学校正在城市边缘的新社区里建设起来。具有现存供水、排水、电力和其他公共工程设施的老城市街区空闲了一半，而新的基础设施在新的城市化地区建设起来。因为新的开发是蔓延式的，它们远离老的城市化地区，建立起来的中心，所以，公共服务的供应相当昂贵。放弃老城区，用新的开发去替代它们最终是难以承受的。马里兰州长帕里斯·格伦迪宁（Parris Glendenning）领导了该州采取强有力的精明增长措施，他说，"如果按照过去几十年以来的发展模式走下去，满足蔓延的郊区所需要的道路、学校和其他基础设施，会让马里兰州破产。"

正是目前政策所花费的纳税人的钱迫使我们共享财政和实施精明增长。不是向绿地纵深发展，而是把绿色带进现存的城市化地区，这一点已经在波士顿和洛杉矶得到了证明。正如我在本书序言中所提到的那样，迈伦·奥菲尔德已经找到了区域政策的政治联盟，这个联盟由旧中心城区的选民，旧的和不那么时髦的郊区的选民构成。加上那些随着郊区发展而抛弃了幻想的人们，他们一起构成了大都会区选民的大多数。

第二部分　实践

第 6 章　新邻里设计

邻里并不是由规划师或建筑商创造的，而是由人们之间的网络建立起来的，在这些网络中的人们相互了解，共享某种社会生活，在紧急情况下相互帮助，一起管理社区的未来。许多邻里联系是由儿童和儿童放学之后的活动建立起来的。人们能够让一个社区有各式各样的场所，当然，社区的设计和建筑环境条件对人们是否建立起他们期待的街区有着很大的影响。

《华盛顿邮报》每周有一个专栏，称之为"我们生活的地方"，对大都会区内的邻里进行分析。这些邻里中，有些是城市里的传统街道和地方，有些则是一代人以前建立起来的郊区居民区，有些是规划的社区。每一个邻里都有它自己的特征，《华盛顿邮报》的记者对居民进行采访，所有的人都很珍视他们的邻里，感觉到他们的邻里是他们生活的一部分。

在《华盛顿邮报》的这个专栏上，我们没有看到，有关郊区大地块居住区或所有住宅都是大宅基地的郊区居住区的分析，没有郊区花园式公寓走廊的分析，没有对具有高犯罪率的内城地区和住宅楼群的分析。同样尺寸和地块的住宅充斥着大规模建造出来的住宅区，那里的街道很宽，车库临街一字形排开，没有地方公园或标志性建筑，这些都不利于邻里的形成。如果一块宅基地超出 2 英亩或更大，我们与邻居约有 5 分钟步行距离，这样，日常接触就很稀少了。这种郊区公寓簇团，让那里的居民感觉到，他们仿佛是临时旅客，通过区域规划，与商业走廊相邻的这些场地成为不受人青睐的场地。心理上高度紧张的内城地区，法律和秩序得不到维护，人们紧锁大门，所以，那里的氛围显然不具备编入"我们生活的地方"这类邻里活动中。"邻里"也是一种城市社会和经济特征的分类方式。"邻里"这个术语还具有歧视和分割的意义。

作为设计概念的邻里

我们处在社区设计明显复兴的过程中，而社区设计是有助于邻里形成的。我们在第三章中提到过，社区设计的复兴首先出现在内城地区，以社区为基础的邻里规划替代了老式的城市更新。

佛罗里达的锡赛德是一个不大可能自然发生的郊区邻里复兴的例子，1980 年，安德烈斯·杜安尼和伊丽莎白·普莱特－齐贝克设计了这个项目，意图是营造 20 世纪初夏季度假胜地的氛围。锡赛德的建筑规范鼓励建设前廊、尖桩篱笆、坡屋顶。海滩前不设停车场，只有为数不多的面向海滩的住宅。人们把车留在家里，通过设计精巧的狭窄的街道到达亭阁，这些亭阁与栈道和台阶相连，再把人们引到沙滩。与沙滩平行的岸边道路是居住区的绿地、邮局和商店组成的中心（图 6.1）。

图 6.1　佛罗里达的锡赛德，以传统邻里模式设计的度假胜地。

锡赛德项目的开发商是罗伯特·戴维斯（Robert Davis），他对这个项目做了很巧妙的宣传，这样，锡赛德项目吸引了美国乃至世界的关注。当然，锡赛德的社区和场所的感觉是人工营造出来的，但是，这些东西恰恰是大部分新郊区所缺乏的。于是，开发商们开始要求杜安尼和普莱特－齐贝克为他们设计与锡赛德相似的郊区住宅区，当然不是度假村。

在杜安尼和普莱特－齐贝克把锡赛德的经验用到新居住邻里设计上去的时候，卡尔索普和道格拉斯·凯尔博（Douglas Kelbaugh）也正在倡导他们称之为"步行小区"的规划概念。华盛顿大学建筑学教授凯尔博在 1988 年组织了一个小组，展示了围绕公交车站设计了不同的步行邻里。以后出版的《步行区手册》一书中收录了这些设计。"小块小区"这个术语源于卡尔索普的区域规划研究。他提倡，通过建设高速公交线路，有可能沿着现存的轨道交通走廊，把蔓延的，小汽车导向的郊区开发约束起来。围绕公交车站，在步行距离范围内，展开较高强度的开发，包括就业、商店和公寓楼，虽然整个开发密度不是很高，但是，依然是公交导向的。

前面已经介绍过，卡尔索普是波特兰 2040 规划的顾问，他证明，如何都能够通过建设公交线路和鼓励围绕公交车站建设高密度邻里，波特兰大都会区大部分预测的人口增长，都能够吸纳到现存的增长边界里来。

最近，通过联邦住宅和城市建设部的"各地人们的住宅机会第六号项目"和其他投资渠道，邻里重新出现在内城地区。我们在第七章专门讨论内城邻里。

按照《新城市报》的统计，目前，在 32 州和哥伦比亚特区，共有 305 个旨在建设和培育街区的新开发项目，分别处于不同发展阶段。因为这些社区的建设目标是，重新建设起传统的、汽车出现之前的城市和郊区，所以，杜安尼和普莱特 – 齐贝克，卡尔索普和其他事务所设计的这些社区，常常称之为"传统邻里开发"（TNDs）。

邻里设计的理论

大部分邻里设计理论都可以追溯到克拉伦斯·佩里（Clarence Perry）[1] 在《区域规划和调查》第七集《邻里和社区规划》上的一篇论文《邻里单元》，这个论文集由"纽约区域规划协会"在 1929 年出版。当时，佩里是"拉塞尔·塞奇基金"的总裁；这个基金是"福里斯特希尔花园"的开发商创建的，而"福里斯特希尔花园"是纽约市皇后区的一个先锋花园郊区，佩里在写作这篇论文和界定街区这个概念时，正好住在那里。（图 6.2）佩里的创新源于"福里斯特希尔花园"和那个时期的其他一些受到人们仰慕的例子，如伦敦的"汉普斯特德花园郊区"，威斯康星州的企业镇科勒，以及一系列原则，通过实施这些原则，建设规模约为 64 公顷的所谓"邻里单元"，那里的人们不用跨过公路就能够到达学校、游乐场地和地方商店，公园空间大约占整个街区面积的 10%。

佩里在写作《邻里单元》这篇论文时，有关城市设计确定的事情已经因为汽车的出现而改变，汽车开始推进新郊区的开发，佩里对此颇有微词：

> "如果有一所学校，可是它太远了，或者要穿越危险的马路。运动场所太小，或者根本就没有。杂货店在一端，药店则在另一端……"

佩里强调的是，步行距离依然是城市或郊区组成部分的正确尺度。64 公顷的规模源于佩里的判断，横穿一个邻里的距离在 10 分钟距离之内。以每小时 4.8 公里的速度步行，步行 10 分钟的距离大约在 800 米。800 米见方的地域面积约为 64 公顷。佩里使用图示的方式解释了他的这一观点，他在他所认为的理想社区的图上画了一个直径为 800 米的圆圈（图 6.3）。

佩里还把邻里定义为，一个邻里的家庭户数为可以支撑一个公立小学的家庭户数，图的左侧为宗教建筑，邻里机构在中心，4 个邻里的交会处是公寓楼和商店。

1　在整个 20 世纪，随着田园城市模式日渐流行和得到修正，许多其他理论的因素也不断被加到田园城市的模式中。克拉伦斯·佩里的《邻里单元》为设计城市中的区提供了重要的理论支持。佩里提出，居住区的中心应当布置学校和其他的社区公共设施。正像克拉伦斯·斯坦和亨利·赖特在拉德本所做的设计那样，街道采取层次结构，以便在汽车交通日益增长的情况下，保护居民的安全。——译者注

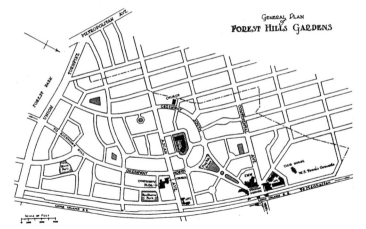

GENERAL PLAN
OF
FOREST HILLS GARDENS

图 6.2 "福里斯特希尔花园"规划，由 G·阿特伯里（Grosvenor Atterbury）和 F·L·奥姆斯特德（Frederick L. Olmsted）在 1912 年开始设计。

图 6.3 佩里的郊区邻里单元图，他还画了一个工业街区图和几乎全部为公寓楼的高密度邻里图。

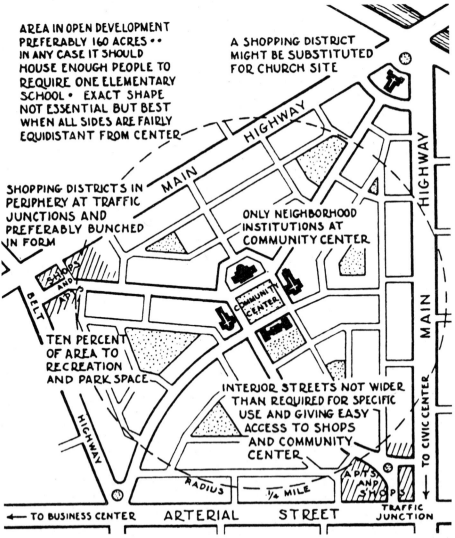

AREA IN OPEN DEVELOPMENT PREFERABLY 160 ACRES • • IN ANY CASE IT SHOULD HOUSE ENOUGH PEOPLE TO REQUIRE ONE ELEMENTARY SCHOOL • EXACT SHAPE NOT ESSENTIAL BUT BEST WHEN ALL SIDES ARE FAIRLY EQUIDISTANT FROM CENTER

A SHOPPING DISTRICT MIGHT BE SUBSTITUTED FOR CHURCH SITE

SHOPPING DISTRICTS IN PERIPHERY AT TRAFFIC JUNCTIONS AND PREFERABLY BUNCHED IN FORM

ONLY NEIGHBORHOOD INSTITUTIONS AT COMMUNITY CENTER

TEN PERCENT OF AREA TO RECREATION AND PARK SPACE

INTERIOR STREETS NOT WIDER THAN REQUIRED FOR SPECIFIC USE AND GIVING EASY ACCESS TO SHOPS AND COMMUNITY CENTER

TO BUSINESS CENTER
ARTERIAL STREET
RADIUS ¼ MILE
TRAFFIC JUNCTION
TO CIVIC CENTER

邻里概念的早期影响

佩里的朋友斯坦和赖特编制了著名的 "拉德本规划"，邻里单元是这个规划的一个基本单元。当然，"拉德本规划"（图6.4）上的圆的半径是800米，这样，每一个圆包括4个佩里定义的邻里。20世纪30年代，国际现代建筑协会采纳了这个步行的邻里 – 学校关系，把它视为全世界建设居住区的一个基本设计原则（图6.5）。这个邻里概念影响了联邦政府在第二次世界大战前建设的3个 "绿带" 镇和战后建设的许多规划社区，如马里兰州的哥伦比亚和弗吉尼亚的雷斯顿。

20世纪30年代末，美国住宅的1/3不符合标准，美国公共卫生协会出版了一个手册，《规

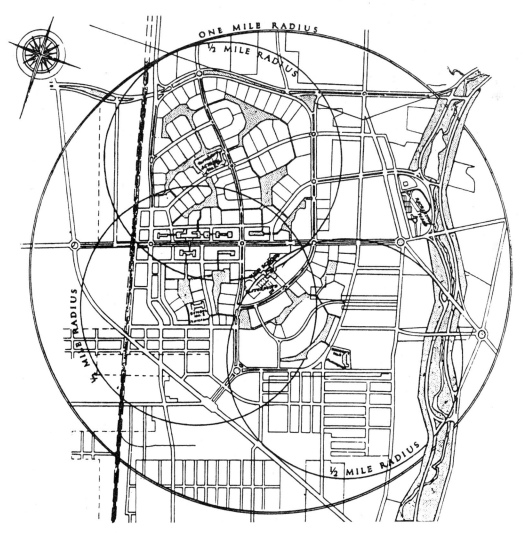

图6.4 用于新泽西州拉德本规划的邻里理论，这个规划是由斯坦和赖特编制的。注意，图上圆圈的半径是佩里建议的2倍。

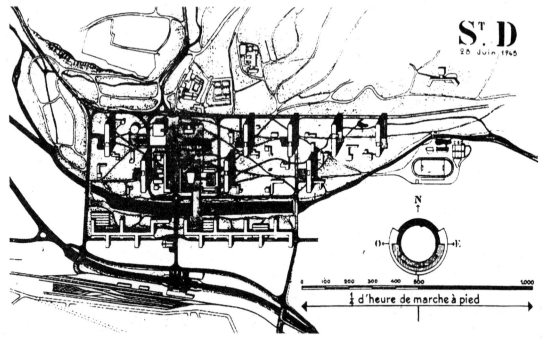

图6.5 勒·柯布西耶的步行居住区规划，是法国1945年桑特黛的重建方案。现代主义的建筑师采纳了佩里的邻里理论，但是，他们对此做了新的解释。

划邻里》，把邻里规划与住宅改革联系起来。美国土地研究所、美国建筑师学会和其他一些专业社团，都在它的出版物中推荐了邻里概念。

　　然而，第二次世界大战结束后，邻里单元迅速地消失在大规模住宅区之中。1947年开始建设的长岛莱维敦成为了大规模生产的大规模住宅区的范本。最开始的设想是，布置若干个邻里，每一个邻里有一所小学，甚至还有地方的杂货铺。但是，住宅的宅基地都是一样大，即4幢房屋占地1英亩（0.4公顷），基本交通工具是私家车。大约到了20世纪80年代，美国正在建设起成千上万的规划社区，家庭必备私家车，住宅与其他活动分离，步行仅仅是一种休闲，并没有功能性的目的。

区域规划对小区

　　"福里斯特希尔花园"和"拉德本"的设计都包括了公寓型住宅，不同的住宅和不同大小的宅基地。拉德本最典型的住宅实际上是有公共墙的成对住宅，还有联排住宅。在佩里写作那篇论文的时期，城市邻里和郊区邻里有着这种变化，佩里一定已经认为这种变化是一个公理。不幸的是，那个时期出现的另外一个规划概念，区域规划规范，对每一个宅基地的规模做了不同的分类，把两家住宅和公寓分离出去。不同居住分区的分离当时是为了避免地块的不一致性，比较老的邻里首先做了区域规划的分类。并没有哪一种规划理论论证过，12米的独立住宅地块应该与15米的或30米的独立住宅地块处于不同的分区，也没有哪个规划理论说过，独立住宅和小公寓楼不能相处一地。当然，一旦不同的区域规划确定下来，社区必须选择一个。

如果一个新的地区有总体规划，那么，它能够显示出适合于这个规划的交织在一起的不同分区。但是，区域规划在先，规划在后，这是一个通常的次序，当然，规划教科书上还是说，区域规划是实施总体规划的手段。在大多数社区，区域规划规范才是真正的总体规划。一个很大的地区，处在一种分区之中，看上去像一个统一的行政辖区，有着认定的地理或几何的边界，可能是合法的。把小型的，画在一个开放的土地上的不同规模的多用途区划市区，看上去像是对不同房地产业主的歧视，能够面临法庭的挑战。因此，以宅基地规模为基础，画出大型的、独立的住宅分区就成了规范，没有人站出来说这个做法作为一种对新开发的规划意义不大或没有意义。

每一种分区都有最小宅基地规模，所以，在这个分区里的所有住宅通常建在相同大小的宅基地上。正是由于现代区域规划规范，我们才在不同的居住区找到不同价格的住宅。这种区域规划不是好的规划，甚至也不是好的商业运作，因为购房者在他们生活的不同阶段需要不同规模的住宅，不应该迫使他们为了调整他们的生活方式，硬要离开他们熟悉的环境。

大部分人会说，他们生活在一个邻里，如果这个邻里建于第二次世界大战结束之后，区域规划的法律使得这个街区不可能组成佩里的邻里单元。的确需要建设一些联排住宅和公寓楼来实现必要的人口密度，从而支撑街区学校和公共服务，还要保护开放空间，创造具有多样性的生活场所。

街区丧失了对规划师的支持

从20世纪60年代末开始，建设新邻里的观念开始丧失对规划师和改革者的支持。1967年，理查德·卢埃林–戴维斯（Richard Llewelyn-Davies）的企业编制了英国新城米尔顿–凯恩斯总体规划。卢埃林–戴维斯认为，邻里是一个有局限性的概念，现代世界里的诸种社会关系是各式各样的网络。他反对邻里，而主张1公里街道方格体制，以获得最大的灵活性。当时，人们把米尔顿凯恩斯看成一种新的规划社区模式，它的基础不再是过去那种多愁善感的村庄式的形象。像卢埃林–戴维斯这样四海为家，受到良好教育的人，不会在他的街坊四邻中去找朋友，所以，他不能理解为什么别人应该在街坊四邻中建立社会关系。

其他一些规划师从邻里的对立面出发也相类似地拒绝了邻里的概念；他们把邻里看成是排斥性的：保护富人，而把穷人挤到贫民窟去了。T·班纳吉（Tridib Banerjee）和威廉·贝尔（William Baer）在1984年出版一本称之为《超越邻里单元》的书。这是为数不多对此课题进行研究的著作之一，他们对洛杉矶9个邻里的人做过访谈，其结论是，实际上，邻里曾经是通过社会阶级、种族或民族对人群进行划分的一种途径。他们还认为，基本的邻里关系是在比64公顷（0.64平方公里）要小得多的规模上发生的。他们超出邻里单元进行观察后，提出了以0.8公里为中心的方格式街道体制（卢埃林–戴维斯主张1公里街道方格体制，比班纳吉稍大一点），在每0.8公里见方的区域内，建立二三个居住簇团，每个簇团中的居民们具有相似的收入。这种棋盘式布局有助于相等的进入学校、公园和商店，无论是从收入上讲，还是从选择性亲和力上讲，这种簇团不可避免地会形成某种分割。

作为规划尺度的步行距离

杜安尼和普莱特－齐贝克，重新绘制了佩里 1929 年的那张图，使用步行距离来表示这个圆圈，从而明确了他们与佩里的争论（图 6.6）。佩里有关适当邻里规模的假定与盖尔用"生活始于足下"所表达的原则紧密相关，有关盖尔的这个原则，我们在第一章中已经谈到过。如果生活在一个地区的家庭之间的关系很重要，他们在生活中不期而遇，那么，人们能够舒适步行的距离，就成为邻里规模的基础。

佩里有关邻里规模的看法反映了他对那时纽约市特征的观察。10 分钟穿越邻里，从社区内任何一点出发，5 分钟内到达邻里中心，反映了一个公交车站的影响范围，即 5 分钟步行距离，实际上，10 分钟步行距离也是一个商业街的最大长度。人们通常认为，10 分钟步行距离就是一个公交车站的影响限度。人们从一个停车场车位到一个购物中心最远目的地的最大距离大致也在 10 分钟步行距离之内。

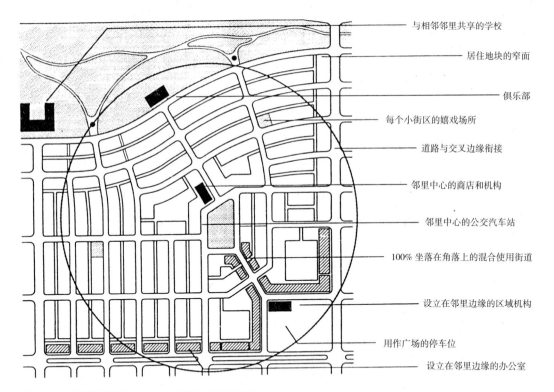

图 6.6　杜安尼和普莱特－齐贝克重新考虑的邻里单元。

与相邻邻里共享的学校
居住地块的窄面
俱乐部
每个小街区的嬉戏场所
道路与交叉边缘衔接
邻里中心的商店和机构
邻里中心的公交汽车站
100% 坐落在角落上的混合使用街道
设立在邻里边缘的区域机构
用作广场的停车位
设立在邻里边缘的办公室

混合住宅类型是邻里设计的关键

班纳吉和贝尔认为，不可能消除由收入和其他原因引起的隔离，不可能仅仅消除接近学校或其他设施的差异。邻里单元当时意味着一种平等的概念，一个平等的邻里必须实行分散贫困和环境合理的概念，我们在第四章中讨论过这类问题。平等的邻里要求，在步行距离内，有各种类型的住宅，当然，并非一定要出现在同一条街上。马里兰盖瑟斯堡的肯特兰斯和莱克兰斯两个街区均按街区原则由杜安尼和普莱特－齐贝克设计。这两个街区都有四层楼的公寓住宅，联排住宅，小宅基地上建立起来的独立住宅，以及在相对比较大的宅基地上建立起来的住宅群。有些中等规模的独立住宅还在车库上建设了供出租使用的公寓。有些行政辖区规定，只有业主实际上居住在一幢住宅中的情况下，才允许建设车库上的供出租的公寓。这些公寓租赁户发出任何噪声，业主也能听到（图 6.7~ 图 6.10）。

图 6.7 杜安尼和普莱特－齐贝克设计的肯特兰斯中的一段步行道。

图 6.8 杜安尼和普莱特－齐贝克设计的莱克兰斯中的一个街景。雷克兰德的联排住宅比肯特兰斯的多，远处可见一条居住－工作街。

图 6.9　莱克兰斯邻里的独立住宅群，它们面对一个保留的开放空间。图上背景处的典型郊区公寓住宅改善了住宅混合问题，当然，它们的尺度超出了这个邻里的其他住宅。

图 6.10　肯特兰斯邻里的一段巷子，有些车库上建起了辅助公寓。

有些行政辖区，如迈阿密的戴德县和奥兰多，采用了专门的"传统邻里开发分区"，锡赛德、肯特兰斯和其他大部分新"传统"邻里都是通过大部分区域规划规范中都包含的规划单元开发程序建设起来的。正如"规划单元开发程序"这个名字表明的那样，开发是按照单元来规划的，规划成为了区域规划。宅基地规模和住宅类型能够混合起来，但是，整体开发密度应该与最初的区域规划一致。更重要的是，这类开发的全部土地必须是一个业主，这类规划的批准几乎都是一个特殊选择，地方社区可以批准，也可以不批准；有时它们不批准。我们在第十三章来讨论，这样的街区怎样能够成为一个规则，而不是一个例外。

街区学校

在学校采用校车的时代，能够步行或骑自行车去学校的观念暂时搁置起来了，但是，现在许多人又反过来认为，邻里小学对一个宜居社区是很重要的，他们的结论是，用校车接送年龄很小的孩子不能取代了建设一个具有凝聚力的街区。

佩里对每一个邻里有一所小学的描述反复出现在规划教科书里，但是，没有回答以下问题：一所小学有多少孩子？显而易见，学校的规模必须与这个地区的人口密度相联系。佩里提出，在他那张图上，邻里的人口为5000，那个邻里以独立住宅为主，在一个角落上，有若干公寓楼，而如果都是公寓楼的话，人口上升到10000人。对于公寓楼群区，他预计学校学生的数目为1600人；也就是说，对于以独立住宅为主的邻里来讲，学校学生人数大约为800人。

这些学校都是很大的小学，集中的孩子数目比人们认为适当的数目要多；当然，佩里建议的邻里本来就有很高的人口密度：每平方公里7410~14820人。现在，邻里规划面临相反的问题。人们认为，每平方公里2964人就是现在人们认为的中等高密度街区，按照这个人口密度，在佩里所说的64公顷大小的邻里里，不会有足够数量的孩子支撑一所学校。

假定一个邻里的区域规划规定，每一块宅基地的规模为0.1公顷，那么，64公顷大小的街区里，共有640个家庭，这样，这所服务于这个街区的小学仅有200个学生。这种规模的学校出现在20世纪20~30年代的郊区。由于规模很小，所以，礼堂、体育馆和食堂在同一个多功能房间里，学校建筑里没有现在学校里必备的学习中心和其他设施。大部分专业人士会说，200个座位的学校不再是学校经济合理的规模，当然，如此之小的学校有它自己的优势。校长能够了解每一个学生和他们的家庭。按照今天的学校规模，要想要一个真正的邻里学校，邻里的人口密度要提高一倍，每一块宅基地的规模为0.05公顷。

有一种办法，那就是把学校设立在多个邻里之中，在其他算法不变的情况下，每个邻里中的孩子将会走出轻松步行距离或轻松骑自行车的距离之外。有些行政辖区建设起400~600个座位的学校，按照今天的人口密度，作为邻里学校还是太大了。许多人会说，这样规模的学校对于小学年龄的孩子太大了。在那些宅基地平均规模为0.2公顷以上的社区，人口密度太低，不可能支撑起一所今天的邻里小学来。正如我们在上边提到的那样，宅基地规模越大，居民们形成邻里的可能性就越低。

学校资金和郊区规划

现在，许多校区包括了不止一座城市或城镇。其至规划一些服务于很大地理区域的小学，而把学校安排在大的场地上，可以使用的和可以承受的土地还是有的，不过，所有的孩子都将使用校车或私家车上学。

如果社区打算回到邻里学校模式，学校董事会作出决定的方式要发生很大的改变。学校董事会还要与地方政府土地使用决定协调他们的计划。如果邻里学校比通常小的话，学校可能有必要把学校使用与其他使用结合起来，如社区中心，社区娱乐中心，以便共同承担会议室和运动场的费用。

没有人真的喜欢讨论这个问题，但是，对于今天迅速发展的地区来讲，低于25万美元估价的住宅可能没有完全承担小学学校系统的运行费用，这样，社区小心谨慎地批准混合收入邻里的建设，那里可能会建起公寓、小住宅以及大住宅。如果居民的房地产税不足以支撑学校和其他公共服务的话，社区必须找到其他途径解决这个问题。办公园区所偿付的房地产税一般高于它所要求提供服务的费用，购物中心也是这样。如果社区分得一个百分比的营业税的话，那么，销售汽车是一个很好的税源：营业税很多，但是，它所要求提供的公共服务却非常少。密歇根州已经把房地产税与学校资金分离开来，其他州也用类似的方式去克服学校资金上的赤字和差别。但是，在整个州的学校资金都实现平等之前，地方政府必然要考虑它们的土地使用决策会对它们的学校资金产生什么影响。

邻里道路：连接与交通安全的矛盾

设计和建设道路是地方政府最古老的和最被人们认可的权力，但是，在新开发地区，道路的设计和建设已经变成了开发商的事；如果开发商建设的这些道路在设计和建设上符合标准的话，地方政府再接受和管理这些道路。虽然实际建设的特殊规定可能是行政性的，道路设计标准通常包括在居住区法令中。

D·阿普尔亚德（Donald Appleyard）对旧金山邻里道路的研究证明，街上的交通越繁忙，居民与道路对面家庭的接触就越少。繁忙的道路倾向于成为邻里的边界。把交通组织在地方道路之外，是地方政治的一个大问题。

现在，围绕邻里道路设计模式正展开争议，一部分人主张，按照连续的方格式道路体系设计邻里道路，另一部分人则认为，应该把邻里道路设计成不连续贯通的断头路，即所谓死胡同。19世纪，一些房地产主曾经不按法律办事，占据棚户区里的断头路，把它们改建成为自己的建筑，所以，R·昂温（Raymond Unwin）和B·帕克（Barry Parker）曾经在他们1910年的"汉普斯特德花园郊区"规划中提出，需要议会对断头路的使用立法。1929年的新泽西州拉德本规划中，斯坦和赖特进一步推进了昂温和帕克的花园郊区设想，用绿道替代断头路，所有的住宅通过这些绿道以开放空间联系起来。住宅的一边面对道路，另一边面对绿道。拉德本规划一直都得到人们的广泛赞誉，特别是这种对道路和地块布局模式的改变，成为那个时代的一种新开发模式。拉德本规划的权威性有助于使断头路成为第二次世界大战之后良好郊区规划的同义词。

生活在一条只与一端相连接的街道，步行者必须从他们的断头路（dead-end）出发，经过一个更重要的"汇合的"道路上，才能到达处在另一个断头路上的目的地——两点之间很少有最短的距离。在拉德本规划中，这个问题是通过绿道解决的，人们只能通过开放空间，从一个断头路到另一个断头路。一开始，开发商受到拉德本规划的影响，不仅建设断头路，还建设绿道。在许多第二次世界大战之后建设起来的著名的规划社区中，如哥伦比亚和马里兰州的雷斯顿，加利福尼亚的尔湾，绿道都成为它们的重要特征。有时，比较小的规划社区里也建设了绿道。

当然，在广泛使用无线电广播之前的时代，这类绿道都是经过规划的，那时，街头犯罪率相对低。20世纪70年代，建设了绿道的社区发现，绿道成了青少年大声播放音乐的地方，以后，绿道的治安成了问题。家长们担心他们的孩子们单独使用绿道。所以，建筑商们在规划居住区时，不再建设绿道，而只建设断头路。

断头路节约了开发商的成本，建设比较少的道路，而开发最大数目的住宅。断头路没有贯穿性交通，这种独享的状态有助于创造出一个社会单元，因此，这些道路上的居民常常很欢迎这类断头路的设计。通过把连续的绿道切割成后花园，而让儿童的生活得到改善；但是，仅仅使用断头路的大规模居住区很少是成功的邻里。

在锡赛德规划出台后，城市设计师开始重新发现使用方格式道路体系的优越性，采用方格式道路体系意味着，所有的道路都是相互衔接的，他们没有返回到美国大部分最老城镇曾经使用过的道路和地块规划。设计师们开始关注其具艺术性的道路系统，如约翰·诺伦（John Nolen）编制的俄亥俄玛丽蒙德规划，佛罗里达威尼斯的规划，或第二次世界大战前乡村俱乐部式郊区的布局。这些规划中的道路不需要笔直的道路，在设计时，考虑到了步行者或驱车者的视觉感受。每一条道路的尽头都有一个公园，或一个视觉上的景观或一个重要的建筑，这样，步行者的视线中总有一个目的地。在T形交叉路口，住宅的位置是很重要的，这样，视线不是落在一个入宅道上或车库上。

控制邻里里的车速

郊区居住区法令一般要求邻里道路的整体宽度在15~18米，这个宽度是曼哈顿穿城道路的典型宽度。对于低密度居住区来讲，这种宽度并非必要的，但是，人们习惯性地认为，为了未来向高密度邻里再开发，需要有这样宽度的道路。实际上，这种重大变更只会发生在没有区域规划和居住区法令之前的时代，现在，大部分地方，不会发生这种改变居住密度的重大变更。

在讨论道路宽度时，很重要地是区别道路整体和车行道，道路整体是由地方政府管理的，而车行道是道路本身的铺装部分。在那些道路宽度达到18米的地方，在建设道路时要求宽阔的铺装车行道部分是很容易的。典型的安排可能是这样的：两边的人行道宽度为1.2米，两边的行道树和草坪合计宽度为1.8米，这样的安排是不适当的。剩下12米为铺装车行道，划分成为：两边各2.4米宽的停车位，两道行车道，各3.65米。

3.65 米是高速公路的车行道宽度。在低速行驶的地方道路上，3 米，甚至 2.7 米的车行道。在各家都有车库或入宅道的情况下，是否一定要两道停车位？如果的确需要两道停车位，一个 4.26 米宽的行车道足够两辆车小心翼翼地相互避让而通过（图 6.11）。

在一个把道路规划为相互衔接的棋盘式道路体系的居民街区里，道路应当是限速的，这样，通过这里的车辆不是便捷的。有时，人们把这种设计称之为交通缓行措施，这类设计限制了车行道的宽度，把弯道处的半径从 7.62~9.1 米减少到 4.5~6 米，让汽车在拐弯时减速。这种道路规划还在公园和交通环岛周围设立一些偏斜，以便阻止驱车者按照直路方式行进。

道路两侧的人行道宽 1.82 米，一道停车位，分别为 3 米两行车道，道路宽度合计 12.19 米，这是舒适的道路。如果居住区法令要求邻里道路的整体宽度在 15.24 米的话，那么，另外 3 米的宽度应该用于道路和人行道之间的行道树和草丛。只有重要道路应该保留 18 米的道路整体宽度。单向单行道宽度不应该超出 4.8 米，甚至更窄（图 6.12）。有些郊区居住区的道路车行道宽为 12 米，而那些设计精良道路的车行道仅宽 8.5 米，二者之间的成本差足够再建一条单行道了。当然，如果在邻里采用有中心景观岛的道路模式的话，那么，整个道路宽度会大一些。

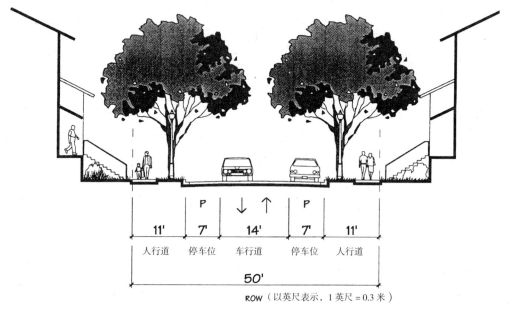

邻里道路

图 6.11　ROMA 集团设计的适当的邻里道路剖面图。

创造一种步行友好的邻里

如同怀特所说，如果我们想要人们步行 5—10 分钟，那么，我们必须让他们兴致盎然的步行。所以，仅仅让一个居住区小到可以步行本身是不充分的，我们还要通过设计鼓励人们步行。鼓励人们步行的方式如下：

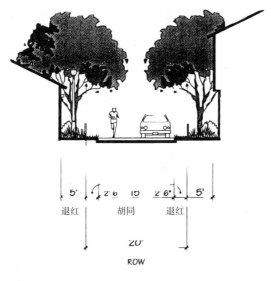

邻里胡同

图 6.12　ROMA 集团设计的适当的邻里窄路或胡同的剖面图，1.5 米退红，0.76 米路牙，足够车辆安全出入车库。

1. 不要让车库大门临街

在有马棚的年代，马棚应该设置在屋后。在机动车出现之后，人们还是习惯于让车库退后。像"林山花园"这类设计尚佳的郊区居住区，通过社区法规，把车库向后退。城市邻里的车库常常面对胡同，现在看来，这还是一个很好的布局方式。小住宅只有一个车位的车库，如果宅基地狭窄的话，常常与邻居共享入宅道。当两个车位的车库成为必要的设施后，住宅变得低调起来，车库向前推进。

从住宅的窗户和门前走过要比从车库门口走过惬意得多，在一个小住宅有两个车位的车库，面对着大街，那么，这幢住宅的一半立面都是车库的大门。在一条小宅基地的街上，步行者看到最多的就是车库大门了。如果建筑商为了节省铺装入宅车道的成本，车库可能延伸到距离人行道 6 米的范围内，而住宅实际上处在车库的背后。这样，车库大门充斥了整条街。

这就是为什么城市设计师常常敦促建立法规，车库大门应该向后退，最好不要朝着街道。这倒不一定意味着，返回第二次世界大战前所实施的方案，把车库作为一个单独的构造，至于宅基地之后。人们已经习惯，打开车库大门，直接从车库进出住宅。

2. 使用胡同或背街

对于狭窄的宅基地而言，要想让车库离开街道，只能从背街或胡同进入车库。建筑商反对建设胡同，因为那样他们要支付建设胡同的费用。另一方面，当胡同成为一个必不可少的集体的入宅道路时，他们应该可以节省建设入宅道路的费用，如果他们遵循敏感的车行道尺寸的话，他们还能节省铺装道路的费用。为了让胡同建设费用合理，应该让建筑商在车库和胡同铺装表面之间仅仅提供一个 1.5 米的转角。如果要求与胡同保持 6 米退红距离的话，会减少一些成本。胡同能够仅仅是单向行驶的，设置一些减速坎，确保车辆进出安全，也保障对那些靠近胡同的车库的安全。胡同既是收集垃圾的好地方，也是安装公共工程设施线路的地方。在那些规定街区街道上不要铺设线路的地方，地面设施线路可以布置在胡同里。

现在，大多数家庭不止一辆汽车，人们不太满意共享入宅道路。如果在这样的入宅道上停车，调起车来不是那么容易，让邻居出行受到阻碍。所以，在那些没有胡同的住宅区，宅基地必须足够大，以便整个入宅道能够不妨碍邻居的出进。对于那些大宅基地的住宅，入宅道能够绕过住宅，从车库的侧面或后面进入车库，能够把车库建在住宅里，但是，从侧面进入车库。大宅基地还能接受正面入口的车库，当然，它们在住宅的一个侧面，相对住宅的前立面，有一个合理的退红，如 7 米。

3. 让住宅靠近街道

一个宽敞的屋前草坪当然令人神往，但是需要花费很大的功夫去维护，而功能却不大。大多数人希望有一个大的场地，以便拥有一个大的后花园。除非整个宅基地很大，后花园已经很大，否则，采用大的前花园和两侧花园的住宅布局一般是不值得的。在宅基地比较小的情况下，把住宅向街前布置更有意义。

把住宅布置在从街头可以打招呼的距离内，能够有助于邻里之间的友好相处，也让步行者兴趣盎然。前门廊或尖桩篱笆成为许多人认定的好邻里的形象。锡赛德的设计基础是基韦斯特的街道，这种设计鼓励所有的住宅建设前廊，以及环绕花园的白色尖桩篱笆。人们在晚餐后出门散步，能够与坐在前廊下的邻里打招呼，这样，散步就成了一种社会交往。

锡赛德是设计用来度夏用的地方，假定这种情景在人们的童年回忆中依稀尚存，或希望他们能够对此有所回忆。坐在前廊下，是勾起这种回忆的一种途径，所以，人们有意识地这样做。传统的度假胜地都有地方建筑风格的包装，第一次世界大战以前建设的大部分住宅都不在有这类地方建筑特征了。一些狭窄的城市连排住宅常常还有这种前廊，在空调出现之前，人们在夏季的傍晚，常常坐在前廊下，这样，会比在屋里凉爽一些。在一些比较富裕的街区，前廊已经被玻璃幕墙后的廊道、住宅背后的廊道或安排了家具的室外房间所替代。透过雪松和杜鹃花，从街上可以看到屋里的阑珊灯火。

但是，空调和电视深刻地影响了每一个地方廊道下的生活，它们让人们坐在屋里，另一方面，烧烤或后院的游泳池，让人们的户外活动发生在后院里，而不再是前廊下了。

建设一个早已消失的和对于大多数人并没有经历过得传统前廊，果真有什么意义吗？可能有。有时，那些有前车库的人们能够，打开车库的大门，坐在放置在草坪上的椅子里，把那里改造成为一种前廊，这是一种不得已而为之的典型的郊区设计，不是很适当。大部分住宅的前门都有某种掩蔽，延伸这种掩蔽，以致能够容纳几把椅子，并不昂贵。前廊的符号意义是引导人们进入这所住宅的区域，而不用担心这所房子本身是否像样。当然，前廊并非必然创造出一个宜居的社区。更关键的是，让前门相对靠近街道。

虽然基韦斯特和锡赛德看上去很宜人，前院的尖桩篱笆的维护颇费周折，除非我们有汤姆·索耶来帮助我们维护。到目前为止，乙烯篱笆还没有真正进入现实生活，只有一些照片而已。英国通常有用篱笆、墙封树篱围合起来的前院。而美国的传统则是完全开敞式的前院，这样，前草坪和树木与邻里形成一个连续的花园景观。如果打算建篱笆，一定要确认每家都这样做，一些家建了篱笆，而另一些家不这样做，整个街道看上去会很不好，后院安装篱笆，保证家庭的私密性，但是，篱笆可能太高，没有尖桩篱笆那样具有穿透性。

4. 提供一个开放空间网络

佩里建议，在一个邻里的土地总面积里，应该拿出 10% 的面积，用于公园和开放空间。有一部分土地用于学校和公园，成为社区的不同焦点。其他一些土地可能是斜坡和地方下水网络的某些部分。

5. 寻找建立邻里商店的方式

步行到一家邻里商店去是城市邻里的传统之一，但是，除非整个邻里平均密度达到每公顷 86 个住宅单元，否则很难形成顾客基础，甚至于难以支撑一个便利店。佩里在他的街区图中认识到，商店必须安排在两个或更多邻里衔接起来的主干道上，这就意味着，有些顾客是驱车前往的。锡赛德的市中心有一些零售商，但是，它们是服务于更大区域的专卖店。在锡赛德，我们可以从自己的住宅走到中心区去喝杯咖啡，吃块松糕，但是，货架上有 27 种橄榄油，实际上告诉我们，这并非一个街头普通商店。有些规划社区的开发商决定，便利店如同公园一样，是邻里必须有的公共设施，即使店主难以偿付租金，也要经营下去。通过一个实验过程，不同的经营者尝试在这种状况下生存下来，面包店之类的餐饮是有可能生存下来的一种店。人们来这里吃早餐、中餐或简单地晚餐，同时，在那里能够在这里购买一些基本食品和高档食品。

第 7 章　内城邻里改造

在建筑规范出台之前的那个时代，低收入家庭的住宅基本上就是一个遮雨挡风的窝棚而已。以后强制执行了一些住宅要求，如每间屋子必须有窗户，也没有让低收入家庭的住宅条件改善多少。丧失掉中产阶级最初社会地位和被划分成为小公寓单元的中产阶级住宅建筑，在没有建筑规范的条件下，衰败的速度非常快，由于这些人不能承担远离工作岗位的出行费用，所以，他们只能住在这样的地方。20 世纪 30 年代，美国有 1/3 的住宅供应没有达到如室内自来水管和集中供暖这类最低标准。这类低劣住宅，有些在乡村，但是，更多集中在拥挤的城市街区里。

超级地块：20 世纪 30 年代的贫民窟拆除和公共住宅

如同"邻里单元"曾经意味着改善中产阶级的居住条件一样，"超级地块"曾经意味着改善城市中赤贫者的住宅条件。在《纽约区域规划和调查》1929 年卷中，佩里既讨论了邻里单元，还说明了超级地块的基本理论。他展示了 4 种内城地块，说明了如何清除中间街道，为同样数目的建筑提供空间，同时产生 1.2 公顷开放空间（图 7.1）。

在 20 世纪 30 年代开始清除贫民窟时，衰败的住宅被认为是一种毒瘤。如果能够改造这些地区，城市便会保持健康。清理过的城市场地合并成为超级地块，在此之上建设公共住宅，当时采用的战略是，提供更多的开放空间，把新建筑与周边的毒瘤性的贫民窟分割开来。当时的建筑基本上是 2~3 层楼，步行上去，争取最好的朝向，解决采光问题，这就意味着退红，保留街道，强制实施分离。

对于那些登记等待居住到这些住宅中去的大多数家庭来讲，这将是他们第一次在自己的公寓单元里，有了卫生间和洗澡间，有了现代炉具和冰箱的厨房，有了集中供暖。这些建筑是防火的，通过窗户可以看到草坪和树木，而不是看天井或堆放垃圾的后院。有关这些公共住宅的早期报告，充满了赞誉之辞，声称这些新建筑如何起到了发挥着社区的功能；租赁者组成俱乐部和互助会，在花园里植树和种植花草，组成手球队和保龄球队。波士顿

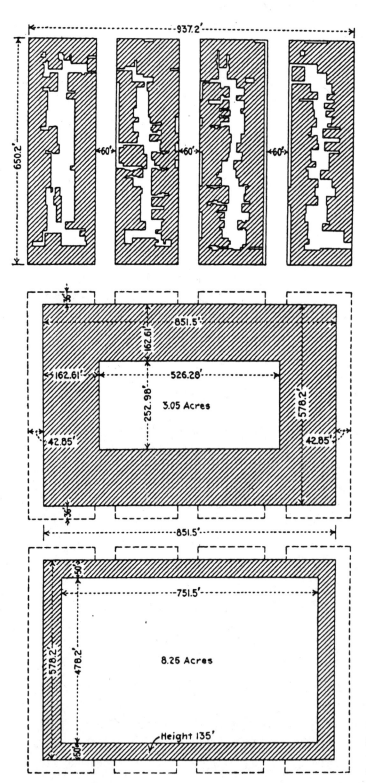

图 7.1　佩里的这些图解释了如何把纽约市在 20 世纪早期的贫民窟地块结合起来，产生超级地块，用开放空间替代街道和后院。

住宅局 1940 年发表的报告，介绍了"老港口村"（Old Harbor Village）租赁户们合作种植的花园（图 7.2）。

图 7.2 在第二次世界大战爆发前，住房当局的租赁户兴高采烈地搬进了新的公寓，这些住宅单元里有厨具和室内供水管，他们在改造后的周围环境中消磨时光。

正如我们在第4章中讨论的那样，未来的隐患已经存在，但是，那时的人们很难看清这些隐患。所有的公共住宅隔离了黑人；这是政府的政策，无人提出异议。大部分公共住宅都是建立在低收入家庭居住区中拆迁出来的土地上，从而强化了收入分离。那些收入超出一定限度的家庭，必须立即搬离这种公共住宅。这看上去似乎很公正，让等待入住的家庭能够住进来，但是，它意味着，这里不过是一个临时居所，而非永久居住的家。住宅的设计和管理也清晰地表达出，人们生活在一个机构中。生活在"荷花池巷11号"比生活在"太平洋住宅区14号楼132B"的感觉要好，与周围地区隔离开来，"太平洋住宅区"也不是完整的社区，这些住宅楼里的居民依然依赖于这个邻里所能提供的商店和其他服务。

第二次世界大战后的贫民窟拆除和公共住宅

第二次世界大战后，住宅项目越来越大，越来越高。在那些土地价格高昂的地区，地方住宅局开始建设有电梯的公寓大楼，先是6~8层的大楼，然后建设起22层的住宅楼，以便满足联邦政府对每个住宅单元土地价格的限制。

把公共住宅租赁户塞进有电梯的公寓大楼的决定表现出来的是经济缘由，实际上，可能还受到柯布西耶和其他建筑师现代主义城市观念的影响。那时，中产阶级已经生活在公寓大楼里几代人了，当然，典型的中产阶级居住的大楼是有门卫或保安，全职的维护人员负责整个建筑的维修和运转，打扫公共场所的卫生，保证垃圾和废弃物得到妥善处理。住宅局不能完全提供这类服务。奥斯卡·纽曼（Oscar Newman）在1973年出版一本著作，《可以防卫的空间》（Defensible Space），说明了那些没有人守卫的高层建筑如何受到故意破坏和犯罪的侵扰。纽曼发现，那些受到补贴的中产阶级家庭居住的高层建筑，在缺少资金雇用保卫人员时，同样受到故意破坏和犯罪的侵扰。

另外一种典型的公共住宅类型是长长的两层联排公寓。这些公寓像小型的，分隔开来的住宅，在管理上，比高层居住楼要容易一些；但是，这种建筑设计，如同成排的军营一样，并没有产生出一种可以管理的环境。在这些建筑兴建的时代，公共住宅的租赁者不允许拥有自己的私家车，所以，居住区里没有几条内部道路，建筑之间是宽阔的开放空间，而这些地方无人管理，也不安全（图7.3，图7.4）。

随着公共住宅建设的持续发展，公共住宅在整个城市住宅供应中占据了很大一个比例。大部分公共住宅都是建设在低收入地区，这些公共住宅逐步连成一片，形成了一个公共住宅带，替代了整个街区。政府官员们开始认识到，贫民窟拆除是一个弄巧成拙的战略，人们从一个地方被驱赶到另外一个更为拥挤的地方。他们也认识到，建筑的物质条件并非健康社区的唯一指标。当时，人们读到了赫伯特·甘斯（Herbert Gans）的1962年的著作，《城市村民》（The Urban Villagers），开始谴责波士顿市已经犯下了一个错误，傲慢地和无知地拆散一个生机勃勃的邻里。若干年里，公共官员的不当行为，公正的住宅法律，以及社区日益增长的抵制，致使大部分城市停止了贫民窟的拆除工作。

图 7.3　肯塔基州路易斯维尔西端公共住宅，联排住宅的现代主义版本；公共环境是非常机构性的。

图 7.4　肯塔基州路易斯维尔西端另一处联排公共住宅。这里的公共环境已经衰败了。这两处地方已经被拆除了，用于"杜瓦尔公园混合收入开发项目"，参见图 7.11。

旧邻里的衰败

在郊区迅速展开的新开发，给那些生活在恶劣住房条件下的人们建起了良好的城市公寓。当贫民窟住宅需求下降，它们的业主们把住宅卖给了那些唯利是图的房地产经营商，他们建立起虚拟的业主公司，只是收房租，而不再支付维修费和房地产税，以图纯粹的盈利。当他们因未缴房地产税而面临房产被没收时，或者租赁者拒付房租时，业主们抛弃了这些建筑物，城市不能追究他们。城市勉强通过抵押贷款成为这些建筑的新业主，城市自己去修复这些建筑，或者拆除它们。

这是一个恶性的过程，结果仿佛整个社区遭到了大规模轰炸一样，给身居其中的租赁户造成了难以言状的苦难，也造成了资源的浪费。当然，这些邻里衰败的部分理由实际上是人们崇尚开发的副产品。城市和郊区的整个住宅供应都在上升，越来越多的家庭都挣到了足够的钱，有可能选择他们究竟住在那里。反种族歧视法正在发生作用。

当住在原先贫民窟里的人们正在迁出时，惊恐万状的业主们开始抛售他们的房地产，其价格令人窘迫，因为这个邻里正在变化，于是，那些唯利是图的房地产经营商致力于所谓房地产暴跌而产生的盈利机会，购置这些房产，再把它们以高价租给新来的租赁者。有时，业主把住宅卖给那些购房者，而不是房地产商，从而使邻里在新人口条件下得到稳定。有时，新来的业主本来就是租赁户，他们拆除这些建筑，这种拆除之风一直扩大到原先并非贫民窟的邻里。

甚至在那些衰败的邻里里，那些条件极为恶劣的住宅退出了市场，但是，满足最低标准的住宅还是占比较高的比例。它们有适当的浴室和厨房，他们能够取暖。建筑也符合防火标准。这些住宅可能成为孤立建筑，周边成为了空闲的宅基地。在那些邻里服务和机构已经衰落的地方，住宅条件本身还是得到了改善。

在许多城市，公共住宅已经成为了最后的依靠；不用排队，空置的公寓就在那里。令地方政府难堪的是，有些最糟糕的住宅是公共住宅。

现在的情形是喜忧参半。忧是那些贫困的居民集中到了衰败的邻里和公共住宅里。喜是存在发展的机会，大量的空闲建设用地和建筑，而且它们大部分是公共财产。这些场地常常居于城市中心，整个基础设施完备，非常不同于大都市区边缘地带的那些建设用地。的确有可能在没有种族和经济隔离的情况下，改造这些老城的重要地区（图7.5，图7.6）。

把公共住宅转变成为街区

长期以来，联邦政府都设置了修复住宅的项目，但是，这些资金仅限于维修和重建，这种政策使得纠正最初的规划和设计错误很困难。

典型的公共住宅就是那种军营式的联排二层公寓，如果能够把它们周边的环境加以改善的话，是有可能把它们转变成为社区的。遵循纽曼20世纪70年代对布朗克斯克拉森珀英特花园研究所提出的概念，即所谓的"可防御性空间"，把这些联排二层公寓周边相邻的开放空

图 7.5（上）和图 7.6（下） 接近底特律市中心的被抛弃的土地，一场悲剧，也是一次机会，基础设施和一些社区机构依然尚存。在这张照片的背景上，我们可以看到底特律市中心的天际线。

间封闭起来，形成前院和后院，前院设置低矮的篱笆，划定私人空间，后院则用 1.8 米高的金属栏杆。在克拉森珀英特花园，住户能够控制和维护 80% 的公共区域。

在达拉斯的莱克维斯特，3500 个联排二层公寓住宅单元几乎覆盖了 258 公顷的面积，曾经严重衰退，成为高犯罪区。建筑师 S·彼得森（Steven Peterson）和 B·李特伯格（Barbara Littenberg）建议如同克拉森珀英特花园那样，封闭前院和后院，但是，他们调整了场地规划，增加了更多的街道，并让这些街道相互连接起来，围绕街区，最初的设计中回避了这种设计方案。最初的建筑以墙壁对着街道，而彼得森和李特伯格则提出，把这些墙壁改造成为门和窗，对着街道。除此之外，他们提出改变这些建筑的特征，提高屋顶坡度，增加前廊，在门窗上增加一些殖民时期建筑风格的简单细节。目的是改变这些建筑的象征特点，让它们尽可能不再被看成是陋室，没有人愿意久住的地方，进而成为结合了中产阶级花园公寓特征的住宅。这个规划在闲置地上增加了更多的商店和其他种类的住宅。1981 年，这类建议超越了那时人们的认识，所以，这个居住区里的少数部分执行了这些改造方案，而大部分住宅都被拆除了（图 7.7，图 7.8）。

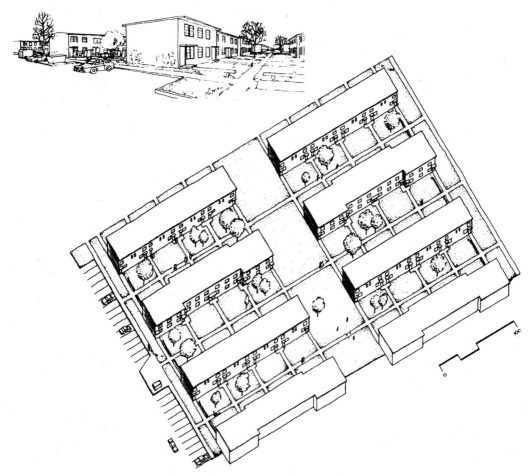

图 7.7　彼得森和李特伯格给达拉斯的莱克维斯特现有住宅单元画的草图。

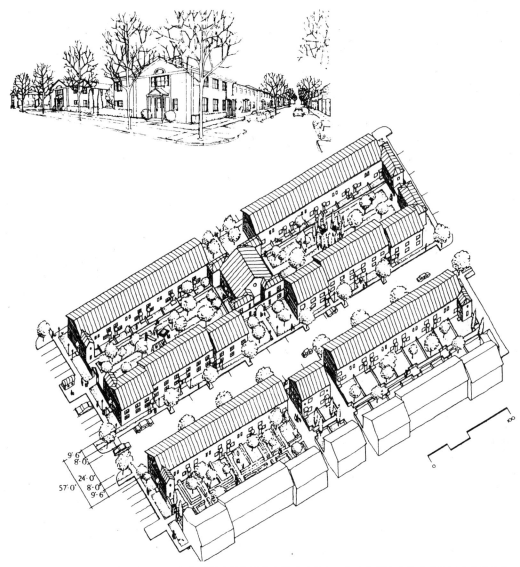

图 7.8 彼得森和李特伯格给达拉斯设想的对莱克维斯特住宅的改造方案，让它们看上去像中产阶级的花园公寓，增加街道,使它成为真正的邻里,而不是一个住宅区。这个 1981 年的设计预见了很多现在正在实施的公共住宅改造方案。

　　诺福克再开发和住宅局最近实施了相似的方式，改造规模小的多的诺福克的迪格斯镇住宅区。建筑师们修改了场地规划，创造正常的街道和地块，人们能够在他们的住宅门前停车。前院用尖桩篱笆围合起来，而后院则采用金属栅栏围合起来。这个典型的军营式的联排二层公寓得到了改造，在原先那些面对街道的墙壁上开了门窗，门窗上也增加了殖民时期建筑风格的一些细节，同时增加了前廊，这种门廊传达这样一种信息，地方政府认为，生活在迪格斯镇的居民与生活在那些有殖民时期建筑风格的郊区住宅里的人们一样幸福。这个居住区的治安和情绪得到了很大改善，租赁户负责维护和改善他们自己私人的新后院、花园和廊道。

改造后的效果非常相似于20世纪40年代"老港口村",参见图7.2。现在,迪格斯镇居住区依然是一个低收入家庭居住区,延续了早期种族隔离时期的历史遗产,所有的租赁户都是非洲裔美国人。但是,现在,它与周边的邻里有了更广泛的联系。

改造公共住宅楼

现在,对高层公共住宅建筑所做的时尚的工作是,因为它是一个错误,所以清除它和拆除它。摧毁一幢住宅大楼是一件取悦于大众的事;它承认了过去的错误;它看上去像是一场行动。当这类住宅楼已经衰败到了一个临界点,维修它的费用比起重建一种新形式的住宅要昂贵许多,那么,的确需要拆除。那些有婴儿和儿童的家庭不应该生活在这样的大楼顶上几层,因为,家长难以关照他们的孩子在楼下玩耍,这的确是一个现实问题。

但是,有些地方对这种高层居住楼的管理是很成功的,特别是纽约市。不同的租赁户混合起来,更多的管理人员,这些居住高楼能够恢复得很好。波士顿哥伦比亚居住区严重衰退,存在很多空闲的住宅楼,那里保留了许多住宅楼,并把它们转变成为具有不同住宅类型的混合收入社区。保留一些公共住宅楼,把它们与联排住宅和其他低层住宅的社区结合起来,对于这类问题还需要进一步的研究。最有可能的方式是成为"各地人们的住宅机会第六号项目"。

希望Ⅵ项目

先是燃起希望之火,然后,希望之火湮灭,这一直都是美国住房项目的历史,而美国住宅和城市建设部的希望Ⅵ项目(The Hope Ⅵ Program)的名字再次燃起人们的希望之火。然而,早期结果看上去还是有前途的。这个项目提出了两大问题,公共住宅区的衰退,已经把穷人隔离到了高度集中状态中的那些政策。这个项目给地方住宅管理部门提供资金,帮助他们用混合不同收入的家庭的社区去替代他们衰退最严重的居住区。这个项目最初设想解决美国衰退最为严重的10万个公共住宅单元,这个数字大约占美国公共住宅单元的8%。这个项目的最初目标是,用4万个补贴的和市场价格的住宅替代衰败的住宅单元。不能容纳到新开发中来的公共住宅租赁户会得到"第8号条款",到原先居住的公共住宅外去寻找住宅。这个8%的公共住宅大部分严重衰败,必须拆除,或者只能允许相对少的住户继续留在那里。这将有助于降低人口密度,有助于使公共住宅租赁户数目可能低很多。

最早的希望Ⅵ项目之一,给"艾伦·威尔逊之家"提供资金,替代华盛顿特区一个废弃的住宅区,这个住宅区在希望Ⅵ项目开始前就在研究中。威斯坦设计所负责设计,设计师打算在住宅区沿着建筑开辟若干新的道路,与相邻的"国会山"街区结合起来(图7.9,图7.10),这个项目吸引了中等收入的购房者。

住宅和城市建设部认识到,在建设以中等收入租赁者为目标的住宅上,许多公共部门缺乏经验,所以,支持"新城市主义协会"的参与,许多"新城市主义协会"的成员对前面所述的邻里设计复兴上发挥着作用。"新城市主义协会"参与住宅和城市建设部的工作,为住宅官员举办培训班,编撰了邻里规划和设计手册以及其他一些指导性材料。有时,地方政府邀

图 7.9 华盛顿特区国会山小区边缘的一个废弃的住宅区。

图 7.10 重建后，成为国会山的联排住宅，威斯坦设计事务所设计了这个低收入和市场价格住宅混合起来的小区。这个项目是最早一批希望VI项目之一，实际上，这个住宅区在希望VI项目开始前就在研究中，已经在某些方面有了希望VI项目模式的雏形。

请"新城市主义协会"的成员参与编写当地的希望Ⅵ项目。最好的建设项目逆转了原先的"超级地块"政策，重新建设正常的街道，划定正常的地块规模。这种战略有助于建设当地居民欢迎的邻里场所，把孤立出来的住宅区与周边邻里衔接起来，如肯塔基州路易斯维尔的"杜法尔园"住宅区的再开发，UDA 建筑事务所承担了项目规划，斯图尔（Stull）、李（Lee）和 R·罗恩（William Rawn）设计住宅（图 7.11~ 图 7.13）。

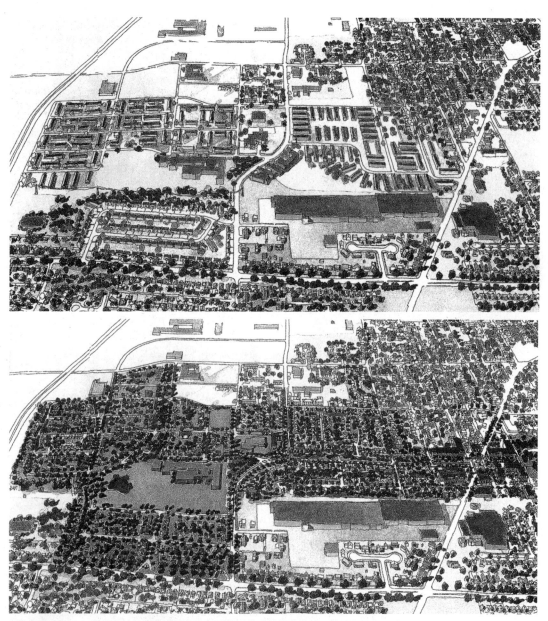

图 7.11 和图 7.12　UDA 建筑事务所的这些图展示了改造前的肯塔基州路易斯维尔西端公共住宅项目和实施希望Ⅵ项目后建设起来的"杜法尔园"住宅区。

图 7.13 "杜法尔园"住宅区的一条街。

　　建设一个车库很贵，而停车位很难管理，在这种情况下，这些内城街区采用了两种方式。一种方式是，利用每个住宅单元门前的位置，如克里夫兰的一个私人拥有的租赁房邻里，这是由参与"朗伍德更新"的卡兰斯事务所的古迪设计（图 7.14）。另一种是在院子里提供停车空间，如巴尔的摩市中心的一个公共住宅更新项目，"弗莱格府苑"，这个项目由希望Ⅵ项目提供资金，由托尔蒂·加拉斯（Torti Gallas）设计事务所设计（图 7.15）。

　　希望Ⅵ项目开始时期的成功，鼓励了一些地方政府替换那些并没有衰败得很厉害的住宅区。所有的住宅区都应该替换成为混合收入的邻里吗？原则上讲，这是一个好政策；实际上，最后一代希望Ⅵ项目显示，有些严重问题必须加以克服，才能实施这个政策。

　　希望Ⅵ项目社区的经验法则一直是，2/3 的市场价格住宅，1/3 的公共住宅。大部分希望Ⅵ项目都采用了与高密度郊区相等的密度，住宅单元密度约为 24~37 户 / 公顷，采用小宅基地上建独立住宅的模式。当地方政府申请希望Ⅵ项目，改造那些依然住满了租赁户的公共住宅区，即使是低层建筑，那里的住宅单元密度可能还要高出大部分希望Ⅵ项目两倍以上，怎么办？如果市政府承诺，原住户能够返回到改造后的邻里来，大部分也果真选择了返回，那么，那里的住宅单元密度将达到 148 户 / 公顷，甚至更高，那么，就要允许每个补贴单元建设两个市场价格单元。

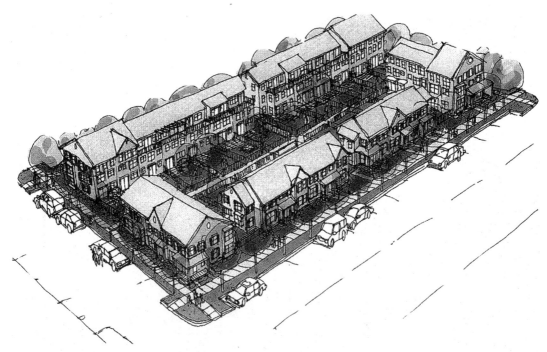

图 7.14 承接克里夫兰"朗伍德公寓"更新项目的卡兰斯事务所的古迪所画的这张图显示，在地块规模适当的情况，街头停车比起每个住宅单元一个车位比例更好，居民们可以在他们居住的联排住宅里看到他们停放在外边的汽车。

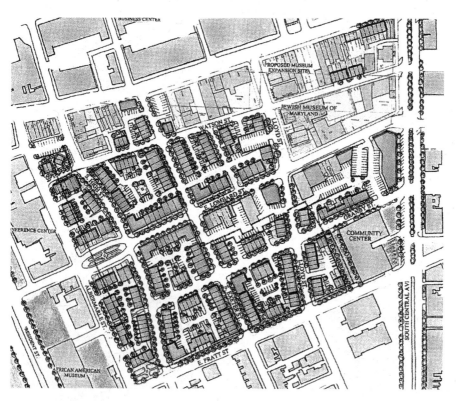

图 7.15 托尔蒂·加拉斯设计事务所在设计"弗莱格府苑"时，把停车位设置在住宅的背后和园区里面。

一个办法是把住宅单元密度降下来，扩大居住区面积，如果必要，还要陷于增加土地的境地。在城市大量实施城市更新时，与这个政策相关的各种问题越来越为人们熟悉。把相邻的房地产结合起来需要很长的时间，可能还要让现存的住户和商户搬迁。

第二个办法是，接受较高的住宅单元密度。在一些地方，实现这一点意味着建设有电梯的住宅楼，许多住宅区曾经因此而发生问题。波士顿的"哥伦比亚"居住区显示，混合收入的社区有可能建设这种使用电梯的住宅大楼，但是，设计和管理必须正确地跟进，才能使这样的邻里成功。

第三个办法是，保持住宅单元密度不变，而让相当大比例的公共住宅租赁家庭手持"第8号条款"，到社会上去寻找租赁房。按照"第8号条款"项目的规定，政府补贴租赁户可以承受的租金和实际租金之差。真正可以动用的政府补贴是有限的，必须有足够的补贴来满足希望Ⅵ项目所需要的搬迁。并非每一个业主接受政府的这个"第8号条款"，市场上可以供应的公寓或住宅的租金常常不能满足"第8号条款"项目的规定。

在理论上讲，把公共住宅的租赁户分散到整个区域面临许多第四章提出的公平问题。实际上，对于那些出生在一个住宅区里的那些人们来讲，这是令人畏惧的任务，他们的社会网络在那里，他们可能没有一辆私家汽车。他们必须到那些他们并不了解的社区里去寻找可以接受"第8号条款"的公寓。这些租赁户需要得到帮助，让他们顺利地完成这个很大的变化，政府的住宅管理机构并不能够很好地提供这种个别帮助。

如果希望Ⅵ项目扩大到那些房地产区位尚优的相对完整的住宅区，那里的人们能够在这个改造过程中经历巨大的人生变化。

四处散落的公共住宅

20世纪80年代，南卡罗来纳州查尔斯顿的约瑟夫·赖利（Joseph Riley）市长作出这样的结论，公共住宅区不是一个给人们提供住宅的好方法。他决定使用尽可能多的公共资金，来修缮查尔斯顿的一个个住宅，在空闲的宅基地上建设住宅或住宅簇团。公共住宅租赁户住进这些个别的住宅中。赖利看到，一个地块上，特别是一个地块转角处的衰败的住宅，会导致投资者避而远之，从而引起一条街的衰退。使用公共资金修修补补查尔斯顿中心附近地区，老街区不仅有助于把公共住宅租赁户融合到比较大的社区中去，而且鼓励私人对住宅进行修缮和做填充式开发。赖利劝说市议会扩大查尔斯顿具有历史意义的老城区，这个地区最初包括商务中心和南部的那些富裕人家的住宅，让它包括这个老城区北部同样具有历史意义的邻里，那里的小区已经衰退。填充式开发的公共住宅已经满足了历史地区的标准（图7.16）。当查尔斯顿在一个个住宅或小公寓建筑中建设了113个单元时，这113个公共住宅单元分布在14个有着街道地址的位置上，这样，查尔斯顿便能够腾空一部分衰败的军营式成排住宅区。到目前为止，查尔斯顿的这个项目大约仅占查尔斯顿公共住宅的7%（图7.17）。

查尔斯顿有如此之多的历史性建筑的确很不一般，这种情形帮助了这个不大的城市建立了四处散落公共住宅的政策。费城四处散落公共住宅却出现了管理上的问题，而费城市政府认为很难找到解决办法。当然，查尔斯顿模式还是吸引了不少地方的关注。

图 7.16 和图 7.17　南卡罗来纳州查尔斯顿，填充式开发的公共住宅。左图左侧为公共住宅，与右图中的住宅单元一样。

　　大部分公共住宅最终应该由综合收入的邻里替代，低收入家庭将散布到一般的邻里，他们居住的公共住宅与周边私人住宅没有明显区别。当然，这将是一个漫长和困难的过程。

重建消失了的邻里

　　一些城市里，存在因为没有投资而衰败，因为火灾和拆除等原因而空闲起来的地方，街道和人行道，基础设施，树木依然尚存。这些地方常常有很好的中心区位，应该是很好的房地产新投资场所，当然，也存在许多问题。首先，虽然地空着，但是并非意味着很容易买到。所有权模糊不清，每一个地块的所有权都有差别，需要分别变更。把这些土地转变成为建筑场地也有一些问题。坍塌的建筑物常常只是简单地被推平了，实际上，要使用这些场地，还有许多复杂的工程需要完成，那里存在许多隐患，如油罐。这个地区的公共工程设施可能因为没有维护已经衰败了。几乎没有几家私人公司有资金和行政人员来处理这些复杂的问题，需要地方政府作为中间人来处理这些土地问题和所有权问题，做一些清理工作，让这些地方形成一个完整的地块，以便开发商能够顺利开展工程建设。克里夫兰在它的内城中心和霍夫区已经引进了这类新的开发方式，包括一些大型的独立住宅（图 7.18）。底特律也开始对大量房地产资源进行投资。当然，要取得经济效益，返回投资，将需要很长时间，但是，这些邻里将会成为富有价值的房地产。30~40 年以前，这些空闲地将会合在一起成为一个"超级地块"，然而，这些年以来，城市已经从邻里振兴的工作中认识到，留下这些街道和地块，否则，以后还要把它们找回来。

图 7.18　在克利夫兰中心区，新的住宅逐步替代了原先那些空地，图上背景是克里夫兰的城中心。

第8章　恢复和提升邻里

这一章篇幅不大，却涉及两大问题：

1. 维持城市和郊区里那些老化和贫困邻里的最好方式是什么？

2. 是否有可能把邻里设计的收益扩大到那些第二次世界大战以后发展起来的，现在处于不利状况的住宅区和公寓楼群？

大量的精力正在用于设计新的邻里，用于彻底改造的邻里和那些不能再维修的住宅。正如我们在第十一章中所看到的那样，市中心正在转变成为新型的邻里。除开历史邻里外，人们对那些不是市中心的、不是历史的和也不是全新的大量居住房地产关注不够。直到现在，我们还没有多少好的案例，向我们展示应该如何处理这些地方。

小区观念的衰落

第二次世界大战以前，大部分美国人都认为，他们自己是生活在一个邻里里，当然，1929年，佩里正在谈论郊区开发中的好的邻里品质。人们能够以许多种不同的街道、住宅和公寓布局形式来说明邻里，但是，邻里几乎不可避免地与旧城镇中的那些邻里相联系，那里的住宅紧紧地连接在一起；商店、学校和宗教建筑都在步行或者乘几站公交车的距离之内。个人开的小生意，以致人们熟识店主，而店主也熟悉那些购物者。与今天相比，那时的人们流动性少多了，没有多大比例的人有自己的汽车，即使有汽车的家庭，一辆车的居多。从另外一个意义上讲人们的流动性少是说，人们可能在一个地方居住比较长的时间。邻里联系相应更重要。

在20世纪60年代，简·雅各布斯（Jane Jacobs）描绘了格林尼治村的街头生活，赫伯特·甘斯谈到了波士顿的城市村庄，其实，这种紧密连接起来的街区已经变成了特例。在20世纪20年代，林德夫妇（Robert and Helen Lynd）对印第安纳州曼西进行了社会学研究，1929年出版了一本称为《米德尔敦》（Middletown）的著作，说明邻里传统已经受到侵蚀，尤其是对那些比较富裕的居民而言，更是如此，林德夫妇将那些比较富裕的居民称为"商业阶级"。这个阶级中的一位妇女说，"除非有明确的社会活动，否则，我的朋友和我并不相互串门"。另一个人说，"我喜欢邻里的这种新生活方式，我们友好相处，但是，并不亲密和离不开"。正如"曼西"这个名字一样，林德夫妇并没有公开他们研究的究竟是什么地方，"曼西"能够代表一个美国城市。林德夫妇使用 19 世纪 90 年代以来的报纸报道，与他们的调查做了比较，引述了许多人的看法，由于有了电话，人们很少在不事先约定的情况下，闯进邻居的大门。与 19 世纪 90 年代相比，在 20 世纪 20 年代，俱乐部、协会和教会组织都是社会生活的重要部分。在随后的继续研究中，林德夫妇发现了，因为城市越来越大，因为城市里最有影响的家族所做的专有的房地产开发，以致那里出现了比 10 年前要大得多的社会阶级分化。他们在 1937 年出版了另一本书，《转变中的米德尔敦》（Middletown in Transition），介绍了他们的发现。这种新的乡村俱乐部式的地区，正在把商业阶级引出他们巨大的但是已经陈旧了的住宅，让他们投入一种更广阔的郊区的生活方式中去。

这样，甚至在第二次世界大战前，传统邻里的转变已经开始；它随着战后的建设而加速：联邦住宅局（FHA）和退伍军人健康管理局（VHA）的抵押贷款，州际公路的建设，迅速郊区化的整个过程。新的开发基本上是由大宅基地上建设独立住宅构成，对于那些生活在阴暗的城市公寓或同样阴暗的城市住宅中的人们来讲，价格也是十分诱人的。独立的家庭生活的巨大优势获得了优先地位；人们希望忽略掉驱车去购物和驱车送孩子上下学等等不便利。成百上千同样规模同样大小地块的住宅，看不见一幢公寓楼，这类成片开发带来了社会分化，当然，这类问题以后才显露出来。

与此同时，回到旧城里，人口正在流向郊区的邻里，正在被来自更差地区的人们所占据。城市官员们正在满腔热情地拆除最糟糕的邻里：通过拆迁项目，帮助他们腾空这些住宅，清除旧房子，重新把街道系统组织成为超级地块，以待开发。在一些城市，因为人口增长缓慢，整个地区闲置起来，人们只能选择离开。当然，另外一些良好的城市和郊区邻里继续维持现状，当然，这种生活方式不再是唯一选择，实际上，它们成为了一种选择。

住在大块宅基地上的家庭了解他们的邻居，但是，他们整日使用汽车去追赶时间。许多人喜欢这种生活方式，也有一些人在回忆童年生活时或探望父母时，流露出对邻里的思念。

历史地区的复兴

在那些曾经独特的老城邻里，维多利亚式和爱德华式的住宅变得相对便宜起来。有些这类住宅变成了公寓或办公室，其他一些被拆除，建成了停车场，或建起了新的办公楼和公寓。有些青年人和受过良好教育的人们，注意到这些住宅，那些受过良好教育的人们，能够透过那些不合理的粉刷，凹陷的屋顶，随意分割的建筑，看到其最初设计的优雅。这些购房者厌恶了郊区的生活。他们喜欢邻里的生活。空调驱赶了夏日的炎热，原来的住户正是因为这种炎热而到乡间的住宅里避暑。经过若干年的改造，这些半空闲的老房子让优雅的生活方式有了返回的希望。

当这些住宅大部分出售和维修以后，新的业主们开始关心究竟如何处理整个邻里。他们要求购买者们像他们一样，对这些住宅进行维修，而不是让它们衰败下去，或者把它们拆除，再建一个公寓或医疗门诊。可以使用的机制就是历史地区。我们在第十三章中会介绍更多的有关历史地区的法规。从本质上讲，划定历史地区就是为了使拆除现存建筑变得困难起来。划定的历史地区建立了一整套城市更新标准，这种标准不鼓励便宜的，临时凑合的修缮，而主张尽可能让建筑恢复到接近原始状态。这种标准能够要求新的，填充式开发的建筑，保证不破坏历史地区的整体特征。

那些被单体建筑吸引的业主们发现，他们需要与邻里居民一道从事政治活动，以建设和维持历史地区的适当布局。历史保护日益超出了若干历史学家和一小群热衷于该项事业的人们所关心的问题；历史保护成为了一种具有力量的政治运动。历史保护还有助于创造其他街区活动，相对富裕的家庭集中居住在历史的邻里，吸引了餐饮业和其他设施的建设。

邻里恢复的成就有目共睹。现在，几乎每一个社区都有一个妥善维护的历史地区，生活在那里的人们对那里的建筑充满热情，警惕对他们邻里的任何行动（图 8.1）。

图 8.1　新奥尔良历史花园区。

高档化问题

历史地区的更新提高了地方税的收入，对于大部分业主是一个好消息。但是，这种变化对那些迁入公寓大楼里去的租赁户有什么影响，对那些拥有这个地区住宅的业主有什么影响，对那些承受不了这类更新规则的业主有什么影响？英国创造表述这个问题的术语：高档化，这个术语现在得到了广泛使用。虽然业主自用住宅的更新不能减税，但是，针对历史地区房地产税起征点的项目能够帮助业主努力实现历史地区更新改造的要求。对租赁者来讲，问题的根源是可承受住宅的短缺；如果对于那些搬迁家庭有多种可以接受的选择的话，搬家几乎不会是一个问题。有时，非营利组织能够组织帮助在同一个邻里安排可承受住宅，包括旧金山教会区的若干例子，那里是传统的拉丁裔人口聚集街区，最近，那里吸引了许多信息产业，有着许多可支配性收入。

邻里自助

因为错误或没有完成的政府干预，留下的空置地或居住着一群老人的孤立的公寓大楼，使得许多内城邻里满目疮痍。私人市场已经放弃了内城邻里，商店关门，年久失修的建筑。业主们难以承受维修费用，或不愿意为此投资。而这些破败的建筑通常是违反建筑规范的，地方政府努力实施建筑规范可能产生双重后果。它们让业主抛弃这些建筑，让政府承担业主的义务。如果这个建筑中还有租赁者，而这个建筑物的供暖在冬季周末夜晚发生问题，地方政府还要负责维修。

当城市政府部门和房地产市场害怕招惹这些建筑物时，非营利组织已经卷入进来了。这些非营利组织有时可能是由租赁者们组成的，他们一起来维护他们租赁的建筑物。以信仰为基础的慈善机构或者商界领导人的财团常常来主持这类非营利机构。"人类家园"一直都是一个积极有效干预邻里的非营利组织，它利用志愿者和捐献的资金，让住宅可以承受，或者把未来的居住者组织起来，建设他们的住宅——这是一种鼓励对住宅和邻里承担义务的心理机制。

地方宗教组织常常是邻里最稳定和资金最为充足的机构，它们能够建立一系列超出住宅以外的合作项目，如教育、工作训练，甚至经济开发。把一家杂货铺重新找回来是让一个地区稳定下来的重要一步。

由于破坏性因素的影响，如铁路或公路高架桥，废弃的工厂，洪水或不稳定的下层土壤，这些社区通常衰败了。地方政府能够和应该做的是，争取资金，解决这些问题，使用通过联邦项目争取来的资金或地方资金，设置隔声墙，对高架桥做些景观化的工作，清理棕地，恢复公园和景观。这些工作能够给地方自助组织提供一个支撑背景。

地方政府还能够提供一个规划，协调个别项目。古迪·克兰斯设计事务所给芝加哥市所做的小区规划，把若干不同的开发项目协调到一起，包括希望Ⅵ项目，旨在替代这个臭名昭著的衰败的和藏污纳垢的"卡布里尼绿色之家"（图 8.2，图 8.3）。

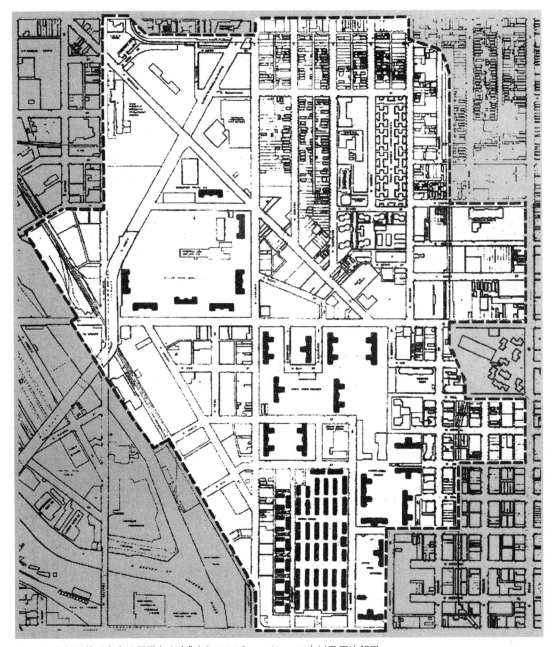

图 8.2 芝加哥的"卡布里尼绿色之家"（Cabrini Green Houses）以及周边邻里。

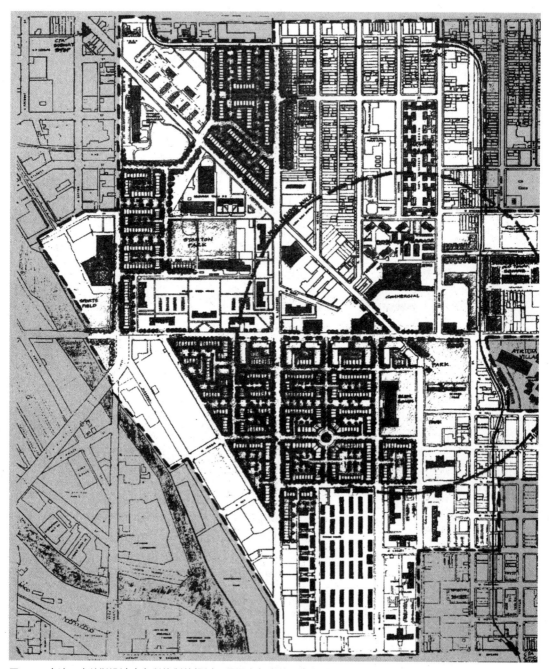

图 8.3　古迪、克兰斯设计事务所编制的规划，用混合起来的公寓和联排住宅，以及邻里周边填充开发的联排住宅，取代原先的住宅大楼。

近郊区邻里的问题

第二次世界大战后，美国曾经出现过第一次郊区建设浪潮。与今天建设起来的住宅相比，在那个浪潮中建设起来的大部分住宅都比较小，也不是很奢华。这些战后建设起来的住宅，常常是直接建筑在混凝土板上的，没有做地基；这些住宅常常只有可以停一辆车的车棚或车库；大门直接与客厅衔接；餐厅是一个凹室，厨房不大；通常有2—3间卧室，可能只有一个卫生间。相对4—5个房间的城市公寓或4—5个房间的联排住宅，这些独立住宅的确迈出了一大步，但是，它们的规模仅为目前一般住宅规模的一半。

在一些邻里，这些最初的住宅成了每一个业主发挥其创造性的地方。抬高屋顶，以增加卧室，把车库封闭起来，用作客厅，有些人还在建筑的两侧，再增加耳房。在那些比较好的房地产位置上，最初的战后住宅等待拆除；实际上，宅基地的价值远超过了住宅本身。但是，在一些普通的战后郊区，除开住宅设施破旧不堪，住宅本身需要大规模修缮外，大量住宅基本上没有什么改变，依然保持着初建时的基本建筑形态。这些住宅仍然容纳着那些来自比较小的城市公寓和住宅的人们，当然，这些郊区邻里现在正处在衰退的风险之中，这种衰退一直都在折磨着内城老邻里。

威廉·莫里什绘制的图8.4和图8.5，描绘了能够用来改造近郊区的一些政策，包括使用旨在扩大住宅类型多样性的填充项目，从提供比较具有吸引力的居住环境的目标出发，提高自然系统（图8.4，图8.5）。

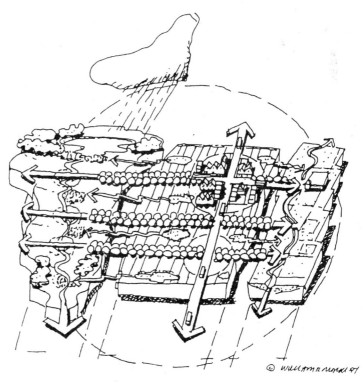

图8.4 与大都会边缘上的绿色场地开发相比，莫里什绘制的这张图说明，重新营造自然环境能够改善近郊区的建筑环境。

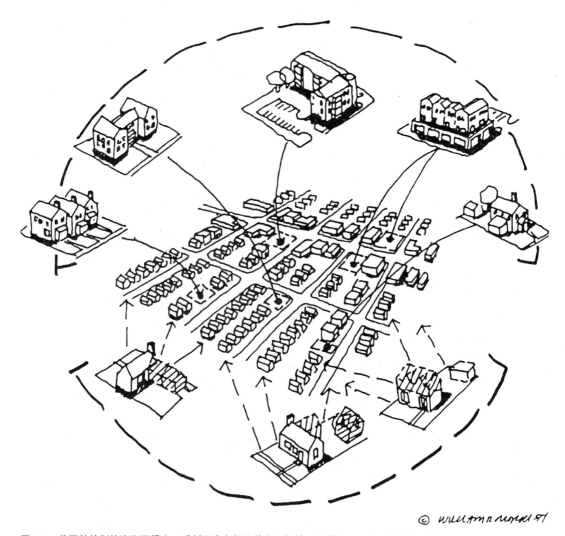

图 8.5　莫里什绘制的这张图提出，重新开发老郊区的空闲场地，以增加可以供应的住宅种类。

　　萨斯城是地处旧金山东北部索拉诺县的一个老工业城镇，它的经验表明了，在自然环境得到恢复时能够产生出来的效果。萨斯城沿河岸地区的老工业场地几乎都成了废墟。按照 ROMA 设计集团的规划，改造成为一个中心公园以及新的零售商业区和居住街区的滨河地区，已经完全改变了这个社区（图 8.6~ 图 8.9）。

把住宅大片转变成为邻里

　　是否有什么方式能够让大宅基地居住区更像传统的邻里呢？现在，这个问题并非一个紧急问题。许多生活在大宅基地居住区的人们，十分满意他们生活环境的本来面目。但是，在重新铺装那里的街道时，的确存在机会，让那里成为可以步行的地方。其中一个步骤就是建

图 8.6 这是旧金山东北萨斯城改造前的航拍照片，那时，沿河岸地区正在衰退的工业不再能够维持下去了。

图 8.7 这是 ROMA 设计集团设计的萨斯城鸟瞰图，这个设计建议，沿河岸开发建设一个中心公园，一个新的零售商业区和一个居住街区。

图 8.8　萨斯城新的中心公园（上）。
图 8.9　萨斯城一个新的居住街道（下）。

设人行道，过去大宅基地居住区常常没有人行道。通过减少道路过宽的铺装部分，找到建设人行道的空间。同时，减少弯道半径，以适应新的比较窄的街道，从而让步行者容易横跨道路。把与人行道交叉的入宅道，削减成一道。杜安尼在研究佛罗里达北希尔斯伯勒县规划时，曾经绘制了图 8.10 和图 8.11，如同这两张图那样，我们也许能够找到一些空间布置杂货铺，有可能的话，再在邻里边缘地区，建设加油站。一旦开始再次建设邻里小学，我们可以考虑把邻里小学建设在邻里的边缘。在车库上建设附属公寓可能会引起争议，但是，能够改变区域规划，允许在车库之上建设附属公寓。在车库之上建设附属公寓，能够让那些买不起这个社区住宅却在这里长大的青年人，留下来，租赁这类公寓。也有可能让地方学校的教师或其他政府就业者生活在这个地区。

图 8.10 和图 8.11　杜安尼对佛罗里达北希尔斯伯勒县做的规划研究，这两张图展示了如何在这个已经开发完成的常规居住区边缘，新增一个邻里中心。

保护成功的邻里

如果密尔沃斯市的约翰·诺奎斯特（John Norquist）市长真的参加了新城市主义协会，当他回到办公室之后，他会提出这样的抱怨，密尔沃斯市的区域规划，不允许他实施他在会议上听到的那些革新的政策。密尔沃斯市的许多居住邻里，都是在实施区域规划之前建设起来的，包括了不同规模的宅基地和建筑类型，现在，这些东西成了一种资产。当时的问题是，密尔沃斯市的区域规划不再允许建设街头商店，不允许不同类型的住宅混合在一起，甚至对那些已经建立起来的老邻里，也是这样。这样，旧商店建筑空闲起来了，建设在这个邻里里的新住宅不能融入这种邻里氛围里。所以，诺奎斯特市长修改了密尔沃斯市的区域规划。

过去曾经认为过时的传统邻里，现在又受到人们的青睐。我们不可能按照前辈人的生活方式在传统邻里里生活，但是，对于矫正现代生活缺乏根基和不断迁徙的缺陷，传统邻里提供了一种方法。

第9章　重新设计商业走廊

在美国，两侧布置着连锁餐馆、带状购物中心、汽车卖场和其他类型商业开发的地方公路，司空见惯，大部分人认为，市场的力量创造了这种商业带状布局形式。实际上，商业带状布局是一个区域规划概念，它源于一种大部分地方政府很久以前就采纳的过时模式。

在小城镇里，购物设施总是沿着主要街道布置的，这种状况一直延续到20世纪20年代，那时，区域规划开始出现，有轨车推动了沿大城市主要交通干道连续布置临街商业设施。第二次世界大战后，城市和郊区都开始膨胀，这种最初用于主要道路和有轨车道路的区域规划模式也延伸到郊区和乡村公路。首先，在当时看来，这种模式的确有其优越性，它产生了给市中心受到限制的商业场地提供了很多停车位。带状区域规划促进了传统市中心的商务活动向外转移，尤其是那些小城镇，大量商业活动转移到了绕城而过的"旁道"沿线。

现在，在大部分地方，唯一可能用来做零售商业的空间位置，大部分办公和酒店的场地，或是沿着商业带，或在传统的市中心。市场对此并没有什么可以选择的。

商业带区域规划为什么是功能失调的

房地产投资者和规划师，特别是交通规划师，现在正在认识到，带状区域规划模式始终都是一种错误，因为，带状区域规划模式产生了两个不相协调的功能。公路的最初目的是连接两地；在许多郊区，这种连接稀少而且迫切需要。同时，人们正在利用公路去接近一个个商店和其他商务机构。向左转，进入沿路商务机构的人越多，交通拥堵就越严重。而且，沿带状商业走廊不同目的地之间的短距离运动，也必然出现在公路上。当接近每一个商务场所变得越来越困难时，公路最终也不再承担作为交通通道的功能了。大部分糟糕的郊区交通拥堵，恰恰出现在划分为商业分区的那些路段上。

公路部门在解决交通拥堵问题上，正承受着很大压力。最简便易行的选择就是扩宽公路，然而，扩宽公路不利于以公路为导向的诸种商务活动之间的协同效应，这种协同效应源于处于同一个商业位置上的商务活动。人们一般认为，在一个方向上的车行道超过3条时，这种协同效应问题便出现了。改善公路还可能给地方商务活动带来其他问题。交通工程师设置限制左转弯安全岛，推荐尽可能减少在交叉路口右转弯。如果接近一个商务活动场所的唯一通道只能便道的话，那么，这些变更能够把经过车辆到达这类商务活动场所的机会减少一半，甚至不足一半。

现在，零售市场突然出现了许多新的选择。现在，目录购物和网络购物成为了不同于传统沿街购物方式的另一种重要选择，没有人知道这种方式还会走多远。除开那些开设网店的零售商外，成熟的零售商格外注意购物的感觉，如何让人们在商店购物时，享受到更多的愉悦。于是，市中心那种传统的临街零售的方式重新振兴起来。在市中心，人们能够通过人行道，一个店一个店地转，那里的办公室、公寓楼和其他设施，使商业街有了更生动活泼的氛围。还有一种倾向，就是建设"仅仅一个停车场"的购物中心，让人们通过购物中心的内部道路，步行到购物中心的每一处，形成一种类似在市中心购物的感觉。这种布局方式能够提供盖尔所说的进行选择性活动的可能。我们曾经在第一章有关社区的讨论中，提到过盖尔所说的选择性活动。把"城镇中心"这个术语用到购物中心的开发上，正是零售市场发展的一种新方向，其实，这样做是不是真的形成了一个市镇中心，是无所谓的。另外一个明显发展倾向是，向越来越大的购物中心发展，那里包括娱乐和餐饮，这种综合性购物中心的确能够产生一种如同进城一样的感觉。

大部分现存的商业带，都不能与新的购物中心、"城镇中心"和恢复起来的市中心零售区相竞争。带状商业区域规划所划定的空间很狭窄，有时，从公路边缘算起，也就是30米的宽度，大于这个宽度几倍的情况不多。大部分社区都有沿公路划定的大量商业分区用地，它一直都在鼓励分散开发许多小型的、效率不高的建筑。然而，在任何一个地方，商业区域规划用地都很少。许多业主已经分割了那些地方。几乎没有什么机会去开发临街零售店和混合使用中心那类形式的商业，现在，市场似乎青睐的正是那类形式的商业。很久以前出现在老城镇里的那些沿公路的商业带，现在正出现衰退的迹象：有些店铺关门了，甚至整条街都空置起来，租赁户不多。同时，许多传统形式的商业街正在向城市商业走廊方向发展，具有多层办公大楼、购物区、酒店、娱乐零售设施，等等。那里出现的问题是：非常严重的交通拥堵，没有足够的停车位，难以接近，很难从一个目的地到另外一个目的地。

好了，我们现在做什么?

沿繁忙的大街和公路规划临街商店曾经是一种不困难的政治决策。沿繁忙的大街和公路规划临街商店过去似乎是一个标准的区域规划方式。这种区域规划意味着，业主的房地产价值可能增加。把临街商业区域规划延伸数公里，意味着没有哪个业主被落下。这种区域规划可能需要一代人，甚至更长的时间，才能真正产生效果，所以，决策之初，没有谁去反对它，当然，收入比较高的那些居住区是个例外，那里的房地产业主反对出现很大的交通流量，不希望陌生人的侵扰，他们没有兴趣出售他们的房地产，然后搬到别处去。有些地方公路路段没有出现临街商店，常常是因为那个路段经过的是高收入街区。

土地使用法规一直都在创造着这种沿着公路的商业带，所以，我们需要新型的法规来纠正土地使用法规。但是，决策时可能会出现矛盾，决策可能比较困难。处在商业分区上的业主们继续期待未来的收益,即使这些期待并不现实。减少区域规划的潜力可能是一个政治问题,也许还会出现法律问题。所以,如果商业带区域规划曾经是一个错误,那么,地方社区能够对此做什么呢?

三个重要问题

商业带区域规划能够包括许多不同的情形。在考虑补救措施时,需要询问三个问题:这个商业带的未来市场潜力是什么?这个公路走廊的交通需求有哪些?这个商业带已经达到了什么开发阶段?

1. 把区域规划与市场潜力联系起来

什么是未来 10—25 年沿着一条公路走廊展开商业开发的合理估计,这种估计与已经做过商业使用区域规划或可能用于商业使用分区的土地量的比较怎样? 商业圈有助于描述市场前景;与比较贫穷地区相比,富裕地区往往有更大的潜力做强度较高的开发。社区应该使用专业的房地产研究,来帮助社区预测下一代可能的开发数量,把这种预测与已经做了商业区域规划的那些土地的开发潜力联系起来。许多社区从整体上过多划分出了公路沿线商业开发用地。过度的区域规划不仅造成了零碎的低密度开发,而且让业主们闲置他们的土地,让建筑物衰退,长期等待可能不会出现的收益。其他类型的土地使用,如以相邻街区为导向而不是以公路为导向的公寓楼,可能比一些种类的商业使用,更能让房地产业主获益,特别是那些未来商业开发前景惨淡的地方,更是如此。

2. 把区域规划与交通模式和公路设计联系起来

清理基于交通产生的商业使用,区域规划为此提供了一种机制。商店、餐馆和各种专业办公室,都是容易产生很大的交通量的土地使用,应该在一个商业标识下形成簇团,而把那些强度不高的服务性商业在另一个商业标识下组织起来。必须在最适当的位置上对那些产生最大交通量的商业开发做区域规划。

交通总要在重要交通节点上停下来的,这些交通节点也是大量车辆进出公路走廊的地方,所以,最高强度的商业开发通常出现在重要交通节点附近。最初开发一个地区时,土地勘察员都使用一种方格图,所以,在美国的许多地方,主要交叉路口相距一英里。

由于需要维持行车速度,所以,在交叉路口的几个商业区块之间,比较严格地限制了沿公路的通道,以便维持必要的行车速度。这些地区能够使用辅道,不需要直接与公路相通,所以,这些地区还是能够做商业区域规划。

公路本身的设计应该随区域规划而改变。在接近主要交叉路口的高强度商业地区,公路很有可能成为城镇的一条街,建筑物靠近公路,有转车道、人行道、马路牙和排水沟等。这类公路路段两侧可以使用自然的排水洼地,形成景观走廊,路中设立中间带,减少或消除左转,而把右转限制在辅道入口处,区域规划给这段走廊确定的商业使用,应该不需要从公路上看到那些商业设施,也不需要直接从公路上到达那些商业设施。

3. 把区域规划和街道设计与开发强度联系起来

最后，沿公路的开发已经达到哪个阶段：许多商业设施四处散布，完全以低密度方式开发，以低密度方式开发但正处于凋敝状态，或正在按照类似城市密度做改造？无论是哪种情况，一般土地使用方式应当保持不变：集中关注那些在交叉路口引起大规模交通量的商业开发，推动较低密度的开发和其他使用，但是，在每一种情况下，通过管理商业走廊，以不同的措施去纠正原先的错误。有可能在重要交叉路口附近，高度便捷的地方，应该划出更多的商业用地。大规模公共交通设施有可能支撑高强度商业走廊：首先依靠公共汽车，而后，在有保障的情况下，依靠轻轨，甚至依靠重轨，只要开发以支撑快速交通的密度集中到商业走廊的地方。

一个战略，多种变量

当我们考虑到房地产市场、公路和公交规划、开发规则之间关系，会产生这样一种战略，沿公路走廊，在产生最大交通量，同时具有根据现实市场估计所需要的土地数量的关键交通节点上，集中做商业开发。在商业集中地区之间，公路的交通走廊功能应当主导这个路段的临街土地使用方式；这里的区域规划应该安排那些不要求直接与公路相接的土地使用方式。应用这种战略要求根据具体情况作出不同的安排。

1. 期待商业开发，但没有得到区域规划或正式规划的支撑

沿加利福尼亚州，印第安井市，111号公路地段的大部分房地产，曾经一直都处于未开发展状态，期待未来的商业开发，相反，州10号公路从高速公路上吸收了大量交通流量，但是，商业开发市场一直都没有出现。20世纪80年代中期，印第安井市地段采用了由约翰逊、费和合伙人事务所编制的专项规划，把这个地区临街地产划定为度假或公寓分区，要求景观退红。商业开发放在这个路段的两端，与居住社区相邻。这个市政府成功地打了11场官司，现在，这个规划正在实施中（图9.1）。

图9.1　111号公路在加利福尼亚印第安地段，一段景观化了的交通走廊，沿街房地产深度退红。

2. 有了商业走廊政策，但只有为数不多的开发

大都会区迅速扩张，所以，远郊地区仍然存在官方期待进行商业开发的公路走廊，当然，至今也没有开发出来。有些交通走廊的一定路段已经做了区域规划，一些没有做商业开发区域规划的地方，政策指南上却显示了商业带开发。

大部分商业开发是有可能的，对编制高强度商业开发区域规划，地方政府具有最大的弹性，在这种情况下，商业开发的规模和数目尽可能以房地产市场研究为基础，以最便捷的节点作为商业开发选择。

沿交通走廊的其他地方，可以继续做商业区域规划或轻工业区域规划，但是，要选择那些不包括产生大交通量使用的地区去做商业区域规划或轻工业区域规划。对商业分区来讲，公寓楼可能是另外一种选择。佛罗里达开普科勒尔松树岛走廊规划，提出了如何组织这种情况下的开发（图 9.2）。

在威斯康星密尔沃基郊区的布鲁克菲尔德市，已经预计了沿凯比特路的商业开发，也通过了一项政策，即商业开发仅仅放在交叉路口。坎宁安集团的设计显示了一个这样一个交叉口的开发，基本上集中在交叉路口的一个四个地块之一上（图 9.3）。

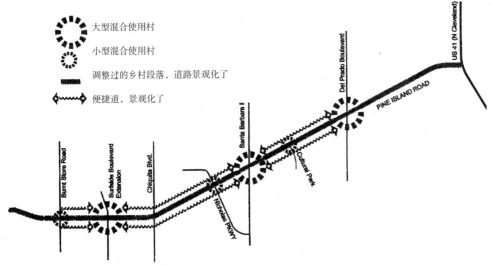

大型混合使用村

小型混合使用村

调整过的乡村段落，道路景观化了

便捷道，景观化了

图 9.2 这张图显示，开发应该出现在主要交叉在威斯康星路口，那里将出现一个地方街道方格，两个交叉路口之间是景观化了的道路。

在本书的序言中，我提到的圣路易斯县的威尔德伍德社区，明显处在商业走廊开发进程之中。从圣路易斯县到埃尔斯维尔的"老曼彻斯特路"已经是一个完整的商业带。威尔德伍德社区没有制定带状商业区域规划，而是制定了一个总体规划，在这个社区的中心，沿"老曼彻斯特路"规划出一个混合使用的城镇中心，供零售商业使用，而在这个社区的其他地方，允许办公室和较高密度居住开发。威尔德伍德社区的街道规划，旨在创造一个"停车、步行去各处"的地区，其人口密度最终可能达到支撑快速公共交通的水平。这个开发同样是集中在一个地区，而不是平分到交叉路口的四个角上。

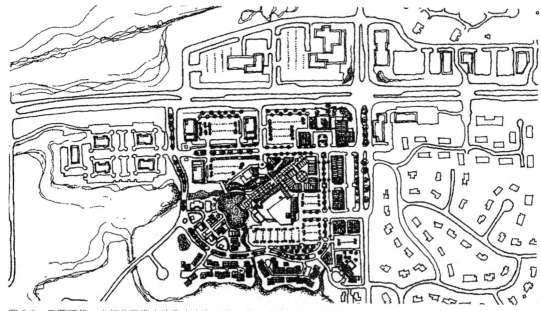

图 9.3　只要可能，大部分开发应该集中在交叉路口的四个地块的一个地块上，这张图上所显示的是，坎宁安集团为威斯康星密尔沃基郊区的布鲁克菲尔德市所做的规划。

3. 已经分区的，部分开发

　　许多主干道已经做了商业开发区域规划，但是，开发仅仅出现在这些主干道的某些段落上，其他地段依然是乡村或居住使用。在这种情况下，应该对整个走廊做市场潜力评估。如同我们上面讲到的那样，最好的结果是，把开发集中到最便捷的地方，商业开发强度较低的地区之间，或那些已经进行其他使用区域规划的地方，如公寓。虽然社区有权按照总体规划这样做，但是，困难是变更区域规划图。

4. 规划出来了、开发了、稳定的或正在凋敝

　　许多地方，已经做商业走廊的规划，但是，那些地方实际上并没有填充那些土地，发挥生意成功的任何市场潜力。结果是我们都熟悉的混合状态：一些小办公室、连锁餐馆、汽车修理铺、失败的带状商业街、老旅馆。假定面临其他类型零售业的挑战，这些地区的未来命运依赖于做某种形式的再开发。沿杰克逊维尔市和大西洋海滩的"梅港路"，预计的再开发是，在这个商业带的北端，与新的公路衔接起来，让这个地区的交通更为便捷。杰克逊维尔市通过了一个标准，再开发时，改善个别商业房地产。这个标准包括把建筑向街边迁移，而在新建筑的背后设置停车场，改善景观、在不同商业建筑之间建立起联系，协调停车场，设置雨洪缓冲区（图 9.4，图 9.5）。

　　这一组规划远景效果拼贴照片（图 9.6～图 9.8），地点位于加利福尼亚州，旧金山西北方向的康特拉科斯塔县海格立斯镇。这组照片显示，在沿商业带的若干选定点上，实施这类标准，如何能够建设起一个城镇中心。

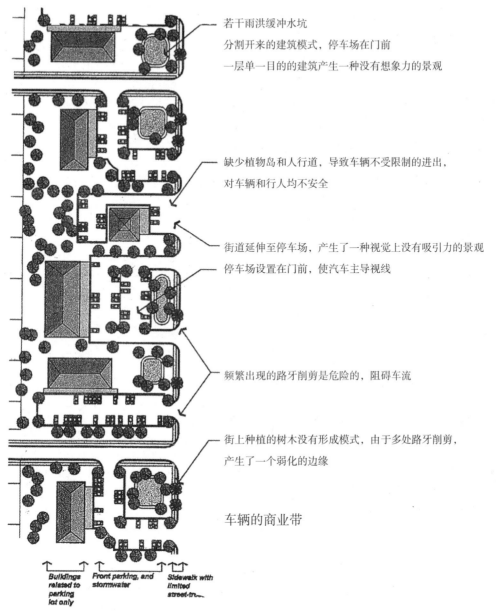

若干雨洪缓冲水坑

分割开来的建筑模式，停车场在门前

一层单一目的的建筑产生一种没有想象力的景观

缺少植物岛和人行道，导致车辆不受限制的进出，
对车辆和行人均不安全

街道延伸至停车场，产生了一种视觉上没有吸引力的景观

停车场设置在门前，使汽车主导视线

频繁出现的路牙削剪是危险的，阻碍车流

街上种植的树木没有形成模式，由于多处路牙削剪，
产生了一个弱化的边缘

车辆的商业带

↑ ↑ ↑
**Buildings
related to
parking
lot only**

↑ ↑
**Front parking, and
stormwater**

↑ ↑
**Sidewalk with
limited
street-tr...**

图 9.4　佛罗里达州典型的商业带。

　　靠近科德角交通环岛的马什皮社区，是一个已经进行了这类改造的地方。在规划中，马什皮社区是用作居住开发的城镇中心，那里改造出来了一个传统的带状商业中心，当然，这个商业中心还将继续吸引更大贸易覆盖区的顾客，而不只是这个镇的顾客。他们按照临街零售的方式，改造这个购物中心，但是，停车场依然占据了周边地块（图 9.9，图 9.10）。相关的例子有，马里兰盖瑟斯堡肯特兰德/雷克兰德的镇中心。这些零售商业街坐落在主要道路上，能够吸引更大贸易覆盖区的顾客，周边居住区环绕着这些零售商业街（图 9.11）。

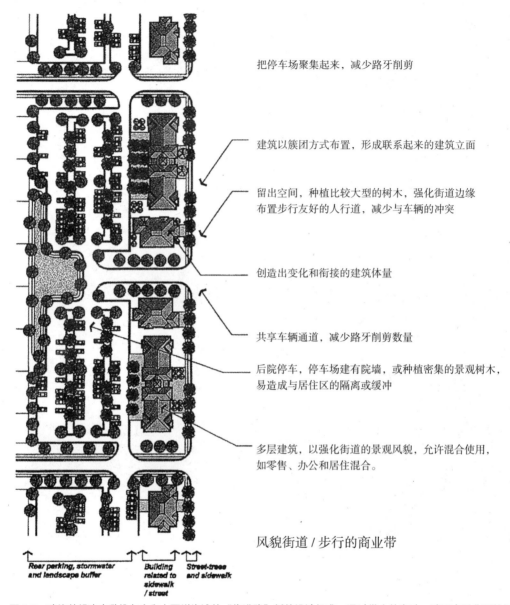

把停车场聚集起来，减少路牙削剪

建筑以簇团方式布置，形成联系起来的建筑立面

留出空间，种植比较大型的树木，强化街道边缘
布置步行友好的人行道，减少与车辆的冲突

创造出变化和衔接的建筑体量

共享车辆通道，减少路牙削剪数量

后院停车，停车场建有院墙，或种植密集的景观树木，
易造成与居住区的隔离或缓冲

多层建筑，以强化街道的景观风貌，允许混合使用，
如零售、办公和居住混合。

风貌街道 / 步行的商业带

Rear parking, stormwater and landscape buffer　　Building related to sidewalk / street　　Street-trees and sidewalk

图 9.5　建议的沿杰克逊维尔市和大西洋海滩的"梅港路"新的设计标准，通过微小的变动，试图克服典型的问题。

5. 计划了的，开发出来的，可能太成功了

美国威斯康星州布鲁克菲尔德市，通往市中心高强度开发地区的布卢芒德路的一个长度仅 1 英里的路段两旁，充斥着区域购物中心、若干较大的购物商场、规模可观的办公园区和若干酒店。布鲁克菲尔德市比起密尔沃基更接近大都会区域中心，这样，起初不过一条乡村道路的布卢芒德路，现在成为这个区域重要部分的一条主要道路。高强度开发和大流量交通

现状

第一阶段

长期效果

图 9.6，图 9.7，图 9.8　加利福尼亚州康特拉科斯塔县海格立斯镇，对一个沿公路的典型商业区域规划场地，实施渐进的再开发。

图 9.9　靠近科德角交通环岛的马什皮公共社区有一个购物中心,周边有许多停车场。

图 9.10　一旦进入这个中心,就感觉到到达了一个镇。当这个开发完成以后,新的街区就有了购物场所。

图 9.11　马里兰州盖瑟斯堡肯特兰德／雷克兰德的镇中心。如同马什皮，零售布置在主要道路上，有一些周边停车位，但是，街道直接与居住街区相联系。

相结合，导致了严重的交通拥堵问题，正在对开发计划产生负面影响。

　　布鲁克菲尔德的总体规划建议，通过在布卢芒德路两侧分别建设一条地方道路，让这条道路最拥挤路段的交通拥堵得以缓解。当二级道路不过距离布卢芒德公路一个地块之遥的时候，这个方式有别于通常的建设辅路的方式。不是简单地扩宽这个交通走廊，这些平行的道路创造了一个街道方格网，如同传统城镇中心那样，于是，不需要在公路中段做左转。在安装了指示灯的交叉路口做必要的转弯。

　　坎宁安集团的这个建议，遭到了房地产业主的强烈反对，因为，他们的后院与建议修建的地方道路交界，而这个建议旨在把布卢芒德公路的交通与地方交通分开来。这些业主能够组织起整个街区民众的抵制。布卢芒德公路商业开发的成功对整个社区至关重要，一旦商业开发成功，通过商业开发所征收的税，能够保证居住房地产税，相对低下，同时，对商业房地产所征收的税还能够帮助这个区域最成功学区之一。甚至这些反对者也同意，建设这些地方道路会让商业发展更充满活力，保护这个商业区未来的经济健康。这个社区面临一个困难的政治选择（图 9.12，图 9.13）。

　　正是在布卢芒德路这类走廊中，一些开发已经几乎达到了城市的强度，郊区的快速公交线有了成功的最好机会。快速公交车站还能帮助商业走廊形成一种结构，鼓励在车站附近做比较集中的开发。

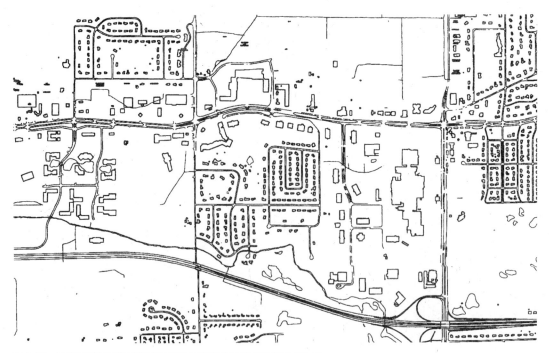

图 9.12　这张图说明了沿威斯康星布鲁克菲尔德的布卢芒德路的开发。

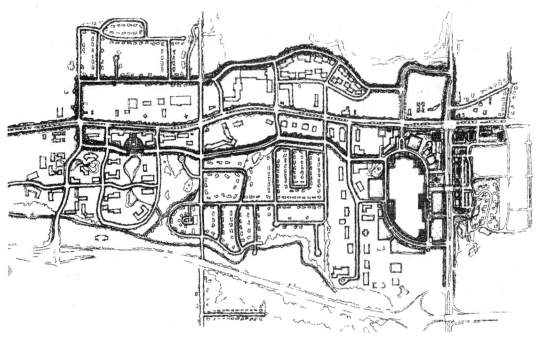

图 9.13　坎宁安集团增加两条与布卢芒德路平行的街的规划，创造了一个交通方格网，如同城镇中的方格网，既用于车辆交通，也比较便捷。这却几乎受到了邻里居民的强有力的抵制，当然，人们都同意，这个改造是需要的。

阿灵顿县的例子

　　20世纪60年代，在编制华盛顿大都会区快速城铁系统规划时，阿灵顿县认识到，这条快速城铁系统的建设，可能支撑新的开发。正如第三章所提到的那样，有关这个快速城铁系统之一的规划，要求这个快速城铁系统通过阿灵顿县，再到66号公路的中心。如果这些车站处在公路中间，一定会成为孤岛，对车站附近地区的开放影响甚微。当时，阿灵顿县有能力集中一些附加资金，让这个快速城铁系统向南偏移0.5英里，与公路平行，大体上沿着威尔逊大道展开，威尔逊大道是一个传统的商业走廊。这条快速城铁系统，在阿灵顿县中部再与公路交叉，继续沿66号公路中心，进入费尔法克斯县。在阿灵顿县，这条快速城铁系统共设置了5个车站：罗斯林、法院、克拉伦登、弗吉尼亚广场、巴尔斯顿。实际上，J·盖拉（Joel Garreau）认定这个走廊是"边缘城市"，但是，这个县的开发非常不同于一些郊区的汽车导向的开发。威尔逊大道和相邻的克拉伦登大道形成一对单向道路，继续成为主要交通走廊。通过这个快速城铁系统，特别是地处这个商业走廊两端的罗斯林和巴尔斯顿，使得这个地区的整体结构完全改变，罗斯林和巴尔斯顿已经发展为一种类似于传统城镇中心的地方（图9.14）。

　　五角大楼市和克里斯特尔市也在阿灵顿县境内，但是，它们处在这个快速城铁系统的不同支线上，已经发展成为集中的城区。阿灵顿县的例子说明，当我们给那些已经高强度发展起来的商业走廊，再增加快速城铁系统，会给下一代人带来什么样的结果。

图 9.14 在阿灵顿县巴尔斯顿一条原先的商业带上所作的高强度城市开发。华盛顿大都会区城铁的一个车站使这里有可能提高人口密度。

第 10 章　把边缘城市转变成真正的城市

1991 年，J·盖拉出版了他的《边缘城市，生活在新的前沿》（Edge City, Life on the New Frontier）。在这本书中，盖拉把边缘城市定义为有工作、可以购物和娱乐的地理区域。为了满足他的定义，这样的地理区域必须至少有 500 万平方英尺的可用于租赁的办公空间；60 万平方英尺以上的零售空间；一周工作日里的人口必须大幅上升；更重要的是，在 30—40 年以前，那里曾经是农田或郊区居住区。盖拉的这本书帮助人们认识了一种日益发展起来的现象，与此同时，专业规划师和学术理论家们还在寻找其他途径解决老城市的问题。专业规划师和学术理论家们关注城市衰退，但是，他们忽略了与城市衰退相反的另外一个过程，迅速增长的大都会区已经在许多非传统的地方创造了城市地区。

当然，盖拉并非只是一个观察者，还是一个党派人物。这本书是这样开始的："支撑这本书的充满争议的假定是，美国人基本上是十分聪明的，他们一般知道他们正在做什么。"盖拉完全有资格获得人们对他的赞誉之词，他已经做了一个有创意的和具有实际意义的研究，他能够对郊区和远郊区的城市发展赋予名称，给出定义，他具有雄辩的能力。但是，他的"充满争议的假定"怎么样？的确，美国人是很聪明的。但是，盖拉没有承认这样一种可能性，许多聪明的决定合在一起可能很不聪明。因为盖拉确信市场的有效功能，所以，他对克服"边缘城市"的明显瑕疵持乐观的态度：边缘城市基本上离不开私家车，无论是在边缘城市里，还是通过边缘城市，都要依赖私家车，这些城市的建筑孤立地耸立在宽阔的停车场中，没有多少公共空间和公用设施——在盖拉看来，所有这些问题都正在发作。他相信，总有一天，与传统城市媲美的东西会从他描绘的停车场和分散布局的地方生长出来。

大约在盖拉这本书出版的 10 年以后，房地美基金的罗伯特·E·兰（Robert E.Lang）又揭示另外一种他称之为"无界的城市"的现象。兰的研究指出，大多数新的郊区办公室并没有落脚到盖拉所定义的边缘城市里，而是落脚到更为散落的商业走廊和孤立的办公园区中，这些办公园区绵延数百平方英里，公众并不把它们认为是一个单一的目的地。兰不相信，这种发展可能会合并到任何一种城市中。他把这种绵延数百平方英里的办公园区看成是对交通拥堵的防守性反应，一种高级蔓延综合症。

边缘城市和无界的城市化的活力和迅速增长也给其他观察者以深刻影响。值得注意的有R·库哈斯，他在最近汇编的文集《小的、中等的、大的和极大的》中描绘了公路导向的开发，许多城市规划和建筑设计学术理论家对此予以关注。他们说，无论喜欢不喜欢，这就是未来。

盖拉和库哈斯都没有承认，由政府交通决策和土地开发法规所引起房地产市场的扭曲。

公路和边缘城市

盖拉对许多公交导向的地方做分类，如把弗吉尼亚的阿灵顿划分成为边缘城市，实际上，他所说的那些地方多半处在公路交叉路口。美国州际公路系统本身就是边缘城市的巨大推手；正如汤姆·刘易斯在他的著作《分道的公路》（Divided Highways）中所说，对公路行政管理者来讲，公路建设的后果从项目一开始就是一个盲点。1991年的"联运地面运输效率法"和对"清洁空气法"的相关修正，寻求州交通部和大都会规划机构，在批准新的公路建设项目时，考虑到房地产开发，至少要对空气污染作出估计。具有真知灼见的观察者，如史蒂芬·普特曼在他的论文"新世纪规划"（Planning for a New Century）中说，因为如果严肃地实施这些法律规定，就没有几条新的公路能够建设了，所以，联邦环境保护局并没有执行这些条款，当然，除亚特兰大之外，那里的立法者受没有执法权的法律条款的约束。

联邦投资建设的公路让各式各样私人房地产业获得了巨大的土地开发价值，这是在作出满足现存交通需求决策时所始料未及的结果。聪明的美国人已经把握住了因这些决策而出现的优势，他们有时还操纵公路规划过程，然而，实际的公路规划并非是智慧的。甚至直到今天，公路使用预测还是大部分地区事实上的区域规划。公众，甚至其他政府机构，从未看到过这个公路使用预测，或从未评估公路建设的后果。这种公路使用预测通常是不正确的，为什么如此之多的公路，预测要经过一代或一代以上的人才会达到它们的交通容量，实际上，公路开放以后仅仅几年就达到了它们的交通容量，它们的规划师们从未检讨过公路诱导开发的效果，这种现象恰恰解释了公路使用预测的错误。

公路政策的本意无非是把原先存在的两点连接起来，从而让人运动起来，而边缘城市是这种公路政策始料未及的结果，所以，边缘城市是在没有支撑传统城市中心的街道基础设施和公共交通的条件下生长起来的。

传统的区域规划如何塑造边缘城市

在州际公路拔地而起之初，这些州际公路横穿的是乡村，20世纪20年代，刘易斯·芒福德和本顿·麦凯（Benton Mackaye）把它们称为"无城的公路"。麦凯是一个区域论者，积极敦促建设阿巴拉契亚铁路；芒福德则是城市规划的至尊。他们主张，区域公路应该在城镇之外绕行，人们应该从公路上驱车去城镇。

然而，当城市间的公路建设起来之后，人们提议对道路交叉口地区重新做区域规划，这样，那里就有了加油站，一些汽车旅馆和其他一些供公路使用者使用的必要设施。地方政府通过区域规划，把这些交叉路口周边地区确定为商业开发。地方政府并不想显露出它们给予了任何一个房地产业主好处，所以，它们常常围绕这些交叉路口做一个圆圈状的区域规划。

不幸的是，这种不偏不倚的区域规划把这些交叉路口置于了这样一个位置，这里将成为传统城镇的市政中心，是最具开发价值的地方。实际上，这些交叉路口总是与开发分离建设的。当围绕交叉路口的4个角开发时，它们不可避免地分开规划地块：旅馆、某种轻工业企业、办公建筑，在最便捷的地方，规划一个购物中心。购物中心与附近大街上的商人有竞争，但是，地方政府所寻求的房地产税可能增加。一些街头小店搬到购物中心去了，而有些则竞争不过而倒闭。

最后，这种公路交叉口成为开发的切入点，这类开发在统计上计入城镇中心。在大都会区，这些公路交叉口会满足盖拉的"边缘城市"的定义，而对于比较小的社区来讲，这些公路交叉口可能仅仅是绕行路上的新开发而已。

通过地方道路或辅路，把交叉路口的开发衔接起来，这样，城镇化能够并成为若干条走廊，或形成一个边缘城市，或采用更为分散开来的无界城市的模式，实际上，无界城市的模式正在成为郊区开发司空见惯的模式。

沿公路做数英里的商业区域规划，产生了过剩的商业分区土地，但是，无论从那一方面讲，沿公路做出的数英里商业分区土地还是不足以创造一个完整的城市中心。沿主干道形成的商业带区域规划产生了同样的问题。例如，佛罗里达的希尔斯伯勒县沿75号公路划出了足够的商业用地，足够开发74万平方米的商业建筑，是曼哈顿岛商业空间的两倍。因为有如此之多的商业用地，所以，开发商不会因为提高土地使用效率而获得优惠，实际上，在这个商业走廊里，一般没有任何空间可以做大型的混合使用开发。

边缘城市显现出来的特征反映出政府决策缺乏智慧，当然，并不否认个别开发商适应于在这种条件下开展工作。这种具有蔓延性质的开发直接反映了区域规划。在大部分边缘城市开发中出现的使用分离也是对区域规划的一种反应。一般来讲，商业区域规划中通常不允许高密度居住开发。把一个个单体建筑分割开来的停车场空间反映出人们对机动车的高度依赖，人们驱车通过公路，才能到达这些商业区。公路支撑着大部分边缘城市，这些公路早已在高峰时段达到了它们的设计容量，使得边缘城市难以扩展或收缩成为更为正常的城市。不仅仅是这些终点太分离，难以支撑公交系统服务，而且，甚至没有一个完整的地方街道网络去支撑巡游公交汽车。造成地方街道缺失的规划错误意味着，主要公路必须用来作为通往终点的道路，甚至于很近的目的地，这样，就加剧了我们常常描绘的那种边缘城市特有的交通拥堵，特别是在午餐时段。

"边缘城市"和"无界城市"是一个偶然的新发现，还是一个意外?

所有这些问题仅仅是正在出现症状吗？是在说一个比较正常的城市模式具有一个过时愿望的证据吗？边缘城市在起源上具有偶然性，但是，它们已经发展成为新的城市模式，这种城市模式会产生出比传统城市中心更有希望的东西吗？果真存在这种可能性当然很好，但是，对城市地区人们行为的研究表明，传统城市中心有它自己存在的理由，正如丹麦建筑师扬·盖尔所总结的那样，"生活就在脚下"。扬·盖尔、威廉·怀特和其他研究者都已经证明，从一个终点步行到另外一个终点对一个成功的城市中心有多么重要。在 24 小时的城市环境中，城市土地使用协调和相对稳定投资的优势也是传统城市模式毋庸置疑的优势。

公路规划、交叉口和区域规划批准，都与刻意的政府行动相关联，这些政府行动常常发生在广泛研究和公众听证之后，而错误政策的调整也与政府的行动相关。如果公共政策采取不同的方向，许多不同的选择都会出现。按照芒福德和麦凯的理论，公路会通过一个自然景观走廊。仅仅对这类公路交叉口四个角落的一个角落做区域规划，允许做高强度商业开发。而其他三个角落，能够做居住区区域规划。有一个客观标准，即最靠近现存城镇的那个角落应该用作商业重新分区开发。这里没有给谁好处而不给谁好处的问题。地方政府能够在选中的这个角落里，规划道路体系，在这样一个角落里，很容易安排混合使用，从而使交叉路口的一个角更像一个传统城市中心，人们能够步行到不同的目的地，这类开发要紧凑到能够支撑起快速交通系统和私家车。

在私人市场上，最近出现了一些紧凑型混合使用开发的例子。佛罗里达的博卡拉顿（Boca Raton）市中心，政府购买了一个称之为"Mizner 花园"的购物中心，这个购物中心曾经有两家倒闭了的百货公司，然后，开发商开放这个场地。替代这个购物中心的开发沿新的主干道展开，这个主干道与美国 1 号公路相连（图 10.1）。建有拱廊的商店沿这段道路两侧展开。在最靠近 1 号公路那一侧，零售店楼上为办公室，而在靠近居民区的那一侧，商店楼上为公寓。所有的停车场都进入车库，当然，街头还保留了一些停车位。下一条街是一条宽阔和景观化了的街道，处在独门独户居住区的边缘。在"Mizner 花园"车库边开发了联排住宅，尺度与街对面的独立住宅相当。使用这种"带状建筑"形式是创造富有生机的街道的一个重要技巧，它把新的高密度开发与低密度开发的周边环境结合在一起。

RTKL 和 Sasaki 设计的雷斯顿市中心，堪称比较大型的开发，沿着主干道安排了一系列办公建筑，路面层用于零售。这条街的末端建有电影院、酒店和一个公寓大楼（图 10.2）。附近开发了其他一些公寓和联排住宅，其目标是实现步行距离购物和娱乐，我们在下一章里说明这个问题（图 10.3）。

与开发相关的公路交叉路口重新设计

人们设计公路交叉口，允许机动车尽可能快地从一条公路转换到另一条公路上，减少建筑成本和土地成本，特别是土地成本。如果公路交叉口是设计用来适应未来的开发，而不是孤立于它们诱发的未来的开发时，情况会是什么呢？南卡罗来纳州查尔斯顿的丹尼尔岛有这种设计的一个案例。我是这个规划小组的成员，团队里还有库佩、罗宾逊和丹尼。那里的情况有些特殊，公路逐步升高，离开地面，以便通过万多河。最初的设计是传统的 4 道公路，在上桥之前的公路低点呈四叶式立体交叉。这个交叉口包括一个附加的桥梁，让地方道路穿越公路。作为这个岛的规划师，我们提出了另外一个方案。当公路逐步上升时，地方道路为什么不可以在公路下方。除此之外，为什么不可以让地方道路弯曲起来，这样，让道路能够进入城镇中心，而把它们之间的衔接用来作为这个城镇中心的主干道？州公路官员并不看好这个设计，因为这个设计既占用公共土地，还占用私人土地。他们习惯于建设完全孤立的交

图 10.1 佛罗里达的博卡拉顿 "Mizner 花园" 建在一个倒闭的购物中心上。宽阔的中央大街两侧安排了零售店，道路右侧商店的楼上为办公室，对着美国 1 号公路和 95 号州际公路，而这个角落的边缘，布置了居住建筑，对面是独门独户住宅区。这是一个名副其实的城市开发。

图 10.2 华盛顿特区的郊区，弗吉尼亚北部的雷斯顿市中心，正在成为一个真正的城市地区，吸引了那些寻找市中心的人们，那里有街道、商店和广场。当然，到目前为止，城市感觉还仅仅只出现在这条主路穿过的一个地块的两侧。

图 10.3 雷斯顿市中心商业街附近开发的联排住宅区"园地"(Park Place),与这条商业街仅有步行距离。不久的将来,这"园区"和商业街之间的土地一经开发,这两个城市岛就会连接起来。

叉路口，这样，整个公路都在州公路局的控制之下。当然，我们的设计比起传统的交叉路口设计要便宜上百万美元。最后，基本上按照我们的这个设计方案实施，这样，人们从公路上下来以后，立即就可以进入市中心（图10.4，图10.5）。

遗憾的是其他地方没有太多可以比较的案例，而这个案例有其特殊情况。当然，每个交叉路口的情况都会有一些特殊的、地方的特点。一旦我们接受设计交叉路口和开发结合起来的原则，那么就会有许多可能的解决方案。

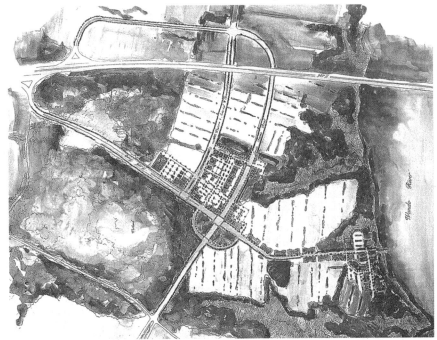

图 10.4 丹尼尔岛城镇中心第一阶段设计工作方案。

图10.5 这张航拍的照片显示了正在建设中的丹尼尔岛城镇中心第一阶段开发的状况，它与公路交叉口协调起来，而不是与公路交叉口分离开来。

变化的市场意味着新的区域增长模式

人们习惯于说，围绕公路交叉口的开发效益很好，业主们能够赚到钱，既然这样，人们怎么会批判它没有遵循假定比较好的模式呢？答案是，因为这种公路导向的开发不再能够让业主们赚钱，所以，这种公路导向的开发迅速地成为一个问题。许多第一代零售中心正在衰退：那里的百货公司已经关门；有些前店空置起来，而另外一些店主付不起租金。在零售市场里，新的超级区域购物中心已经开展，老的购物中无法与它们竞争。第一代公路导向的旅馆不能与那些办公园区里或附近的新的和档次比较高的旅馆相竞争，这些新的旅馆客源稳定。一些公路旅馆正在用来作为领取福利金的人们的临时居所。公路导向的办公建筑不可能获得较好的工作环境，而那些建在较新郊区的办公室的工作环境要好得多，所以，公路导向的办公室空置了起来。沿公路的大量开发不仅仅是城市留下的烂摊子，而且整个是房地产业的一个失败。

翻新的边缘城市

衰退的购物中心和孤独的办公园区是否能够发展成为某种类似传统城市中心的地方？

达拉斯北部巨大办公园区中部的"莱格斯城镇中心"是一个极好的案例。由于上下班耗时过长，附近缺少住宅或购物设施，达拉斯北部的巨大办公园区面临吸引和保持就业者的困难。由 RTKL 设计的"城镇中心"提供了午餐及下班后打打球的地方，一些就业者可以选择居住在那里，可以容纳需要比较小的办公空间的公司（图 10.6~ 图 10.8）。

图 10.6 达拉斯北部巨大办公园区中部正在开发的"莱格斯城镇中心"。

图 10.7，图 10.8　由 RTKL 设计的开发场地照片，建筑遵循城市模式。

　　得克萨斯州安德森是达拉斯的北部郊区，那里既是公路交叉口，也是未来达拉斯城铁的一站。那个地区大部分均已开发，其模式是典型的边缘城市，巨大的停车场环绕建筑，但是，地方官员力促把安德森建设成为一个真正的城市中心，在这个区域继续向外蔓延时，获得竞争优势。RTKL 建筑设计公司的规划计划建设 3000 个公寓单元，临街零售，37 万平方米的办公空间。实际上，规划的开发场地仅有 32 公顷，与锡赛德规模相同，所以，必须达到真正的城市建筑密度，才能实现规划的目标：每英亩建设 55 个单元（图 10.9~ 图 10.11）。

由"新城市主义大会"主办了对"普华永道"的区域购物中心的研究。这项研究的结论是，这些区域购物中心有 7% 的建筑老化，竞争力比较弱，租赁率比较低，还有一些店铺已经空闲

图 10.9，图 10.10 由 RTKL 设计的得克萨斯州安德森的"城镇中心"看上去就像城市的中心城区。

图 10.11 安德森的规划显示，这种高强度城市开发如何与边缘城市的
结构结合起来，这里是未来达拉斯地区快速铁路的一个车站。

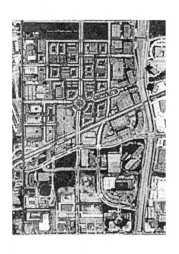

起来。这项研究声称这些购物中心是"棕地"，另外 12% 的区域购物中心十分脆弱，在未来的
数年里也将成为"棕地"。由于这些购物中心拥有巨大的停车场和便捷的区位，所以，它们已
经丧失掉了最初的经济合理性，但是，能够给边缘城市的更新提供关键场所，这些区位常常
是公路交叉口的四个角落之一。这些场地十分优越，能够支撑办公、公寓和地面层的零售。

1998 年，田纳西州查塔努加市布雷纳德区的"伊斯特盖特购物中心"仅仅出租了所有店

铺面积的 25%（图 10.12）。这个城市决定通过城市更新，把这个购物中心改造成为这个城市更新区的核心部分，使布雷纳德区成为一个真正的功能混合的城市中心。多佛、科尔合伙设计事务所编制了一个规划（图 10.13），通过新的街道把这个购物中心与附近的办公园区连接起来，购物中心和它的停车场分解为传统的城市地块。确定了一个城镇广场选址，购物中心的业主捐献了这块土地，市政府投资建设景观。把一个倒闭的百货公司改造成为电信市场中心，安装了新的窗户，而不是墙壁的外立面。第一阶段的改造已经完成，这个新购物中心完全租

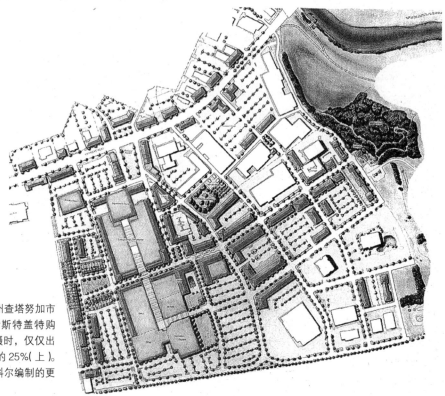

图 10.12 田纳西州查塔努加市布雷纳德区的"伊斯特盖特购物中心"；照片拍摄时，仅仅出租了所有店铺面积的 25%（上）。
图 10.13 多佛、科尔编制的更新规划（下）。

赁出去了。

多佛、科尔合伙设计事务所还做了另外一些研究，涉及如何把购物中心转变成为紧凑的、功能混合的中心，包括与丹尼合作的佛罗里达肯德尔市中心规划，丹尼提出了一个围绕戴德兰德购物中心的街道、地块和公共广场新系统，戴德兰德购物中心是一个非常成功的购物中心。不同于一般边缘城市的景观，这个规划要求开发商建石柱廊道式的人行道，沿街道布置"适宜于稍事休息的空间"，带状的建筑物布置，如这些照片（图 10.14~ 图 10.17）。这个计划完全改变了这个地区，由停车场环绕的孤立建筑，转变成为高密度的城市（图 10.18）。新的区域规划规范不仅是严格要求实施的区域规划，而且还是一种具有实质性提高的区域规划，迈阿密轻轨系统的两个车站对此做了合理调整。私人投资者对此规划表达了异常的兴趣。按照这个规划，肯德尔已经完成了若干零售和公寓建设项目和一家旅馆。

由 LMN 建筑事务所设计的华盛顿雷德蒙德"雷德蒙德城镇中心"占据了这样一个场地，18 年以来，一个开发商一直都试图在那里开发一个传统的购物中心。现在，有一条街和一个

图 10.14，图 10.15　按照这个规划，佛罗里达肯德尔市中心肯德尔大道改造前后的对比。

图 10.16，图 10.17 按照这个规划，肯德尔市中心戴德兰德大道改造前后的对比。

地块与现存的市中心连接，那里有一个中心零售广场以及连接起来的停车场，在这个场地剩下的部分，开发了办公室、街道层用于零售，还开发了一家旅馆和其他一些零售建筑。

把停车场改造成住宅场地

大部分边缘城市都储备了大量用于地面停车的土地。随着土地价格的上涨，有可能把这些停车场转入车库，而把场地用于新的开发。许多边缘城市，原先的建筑物低于区域规划限制，已有的区域规划本身就允许这类新增的开发。当然，周边公路的交通拥堵限制了新增商业开发的可行性。所以，在边缘城市开始了高密度居住开发，从而有了沿街零售和其他正常城镇特征的需求。弗吉尼亚州费尔法克斯县的泰森角最近的新住宅开发就反映了这种倾向，但是，

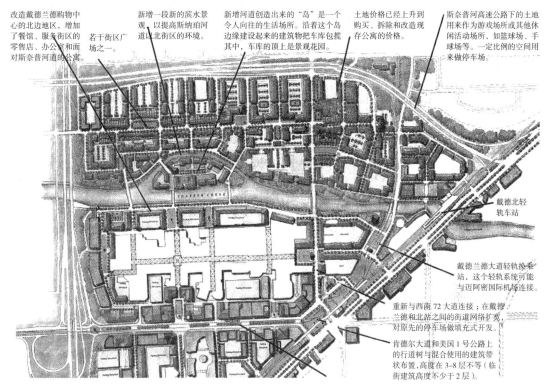

改造戴德兰德购物中心的北边地区，增加了餐馆、服务街区的零售店、办公室和面对斯奈普河道的公寓。

若干街区广场之一。

新增一段新的滨水景观，以提高斯纳珀河道北街区的环境。

新增河道创造出来的"岛"是一个令人向往的生活场所。沿着这个岛边建起来的建筑物把车库包揽其中，车库的顶上是景观花园。

土地价格已经上升到购买、拆除和改造现存公寓的价格。

斯奈普河高速公路下的土地用来作为游戏场所或其他休闲活动场所，如篮球场、手球场等。一定比例的空间用来做停车场。

戴德北轻轨车站

戴德兰德大道轻轨换乘站，这个轻轨系统可能与迈阿密国际机场连接。

重新与西南 72 大道连接；在戴德兰德和北站之间的街道网络扩宽，对原先的停车场做填充式开发。

肯德尔大道和美国 1 号公路上的行道树与混合使用的建筑带状布置，高度在 3～8 层不等（临街建筑高度不少于 2 层）。

图 10.18　佛罗里达肯德尔市中心规划是按照戴德县委员会实施的地方区域规划而做的大规模城市改造规划。开发商的兴趣表明，这个县积极主动的态度是正确的。

巨大地块和高速的干道不可能让真正的城市模式出现。

　　休斯敦的格拉雷亚区是美国最古老的边缘城市之一，最近，它成了享受税收奖励的再投资区。一定比例的房地产税投入街道和停车系统改造，以支持高密度的城市开发。休斯敦都市区迅速扩张的边缘上出现的竞争是导致这个决策的主要原因。上休斯施规划的一个特征是，沿波斯特奥克大道的公交专用道，如果休斯敦轻轨系统建成，它能够与之衔接。巴克黑德也发生了类似的情况，可以与亚特兰大的住宅区相比。

　　这些早期的变化表明，边缘城市的未来发展是向比较传统的城市中心方向展开，包括与之相协调的混合使用，增加足够的居住开发，使之成为"24 小时城市"，足够的开发密度，以支撑相邻的轻轨交通。支持这些发展方向的地方政府，可能通过区域规划和交通政策，加速这一发展过程。

　　在一些仍在继续发展中的地区，必须认识到使边缘城市得以存在的公路衔接究竟为了达到什么目标，在公路建设之前，应该对建设新的边缘城市的愿望进行评估。现在还有许多计划建设的公路可能产生边缘城市。计划中的外环线道路是为了承载边缘地区交通，从地理上讲，很有可能成为边缘城市，极端蔓延发展的休斯敦就可以看到这种倾向。如果一个特定的公路衔接有可能成为边缘城市的理想位置的话，应该提前编制这个地区的专项规划。这类规划应该包括交叉路口和其他公路衔接的布局，以适应未来发展。地方区域规划必须成为预期未来的一种范例，而不是在开发计划提交后再做解释的一组含糊其辞的指示。如果一个公路区位不认为适合于边缘城市，那么，规划政策应当避免它朝着边缘城市的方向发展，例如，不要向那个地区延伸上下水设施。

把更多的资金投入到区域轻轨系统，而不只是把投资一味地放到公路建设上，这样，边缘城市有可能成为交通网络的一个部分，减少区域交通拥堵问题。同时，边缘城市必须增加密度，向着可以步行的方向发展，以便它们能够依靠轻轨交通解决交通出行问题。

美国人基本上是充满智慧的，当他们犯下了一个错误，他们一般能够知道如何解决它。

第 11 章　保持市中心的竞争性

　　房地产开发商和市场分析家——克里斯托弗·莱因煲格尔曾经通过他的研究，得出这样的结论，在获得所需要的条件的前提下，大约 1/3 的美国家庭乐于在小镇或乡村地区生活。另外 1/3 的美国家庭选择在传统的郊区生活。最后剩下的 1/3 美国家庭愿意生活在城市社区，那里有可能步行去购物、上餐馆和娱乐。正是这样三个 1/3 的选择，推动郊区的小区复兴，推动边缘城市的改造，推动生活在传统城市中心的明显兴趣。振兴城市中心，使其成为生活场所，是市中心传奇故事的新篇章。

　　城市中心曾经是最重要的办公和零售业选择的唯一场所，然而，传统的市中心不过是许多具有竞争力的商务选址之一，曼哈顿中心区和旧金山市中心甚至需要很好管理，才能维持它们作为区域办公和零售中心的地位。恐怖主义的威胁现在成了另外一个城市中心竞争性因素。

　　水道或铁路交汇曾经决定了城市的最初位置，城市对区域依然具有重要性，很大程度上是因为地方机场的存在。波士顿市中心继续保持为区域中心城市，它距离洛根国际机场只有很短一段轻轨路程，而底特律市中心面临成为大都会区里一个边缘城市的威胁，这个大都会区的中心在绍斯菲尔德和伯明翰，机场距离底特律市中心与距离绍斯菲尔德和伯明翰相差无几。

　　如果首位机场靠近大都会区时尚的那一边，如圣路易斯或洛杉矶，那么，市中心的活动更有可能下降为郊区中心或居住区的活动，如克莱顿或韦斯特伍德。在匹茨堡、克里夫兰或亚特兰大，从相对富裕邻里看，机场处在市中心的另一边，机场就成了一个砝码，保持市中心相对富裕。

保持市中心的竞争性

　　如果不考虑各式各样的地理因素，实际上，每一个市中心都面临来自郊区办公园区，沿公路展开的零售和办公开发的竞争压力。从 20 世纪 50 年代后期开始，联邦政府把城市更新的投资用于收购和拆除成组的旧建筑，使用这些场地，在市中心建设新的办公室、酒店和公寓大楼。联邦政府投资建设公路是一把双刃剑，一方面把市中心与区域连接起来了，另一方面，加速了郊区的开发，常常有损于城市邻里。

模仿郊区的购物中心，把市中心的街道改造成为步行购物中心，大部分已经失败了，为了恢复传统的街道，再次搬走好不容易种上的树木，拆除昂贵的街道铺设。"丹佛的第十六大街"和"明尼阿波利斯的尼科莱特步行商业街"这类保留公交专行道的购物街，已经证明是成功的，尽管是步行街，但是保留公交线路继续在那里运行。"圣莫妮卡的第三大街步行商业街"也是一个成功的范例，在一个活跃的市中心方格道路体系中，划出一系列短距离步行地块。"密尔沃基的林荫大道"和其他一些室内市区购物中心常常通过填充式开发和利用步行通道把若干现存建筑连接成为一体，产生一个购物环境，然而，周边的街道却失去了生气。

虽然城市积极地努力在城市里保留下商务活动，但是，大部分制造业商务总部搬出了城市中心，而银行、公用事业、保险公司、法律企业和股票交易所等，留在了城市中心，这些商务活动的特征之一是，依靠大量后台办公人员。正是金融业商务使用了 20 世纪 80 年代和 90 年代早期建设起来的市中心办公大楼。现在，新的信息技术正在引起银行业结构发生重大变化，这种变化给作为办公中心的市中心的未来再次提出了问题。2001 年对世界贸易大楼和五角大楼的恐怖袭击也提出了安全问题：市中心高端办公区位似乎很危险，其实 20 世纪 40 年代和 50 年代也出现过这种安全阴影，当时，办公室和工业都分散到了郊区，以防备遭遇空袭。

作为旅游点的市中心

那些已经吸引了旅游游客的城市，开始了"节日"零售，例如旧金山的"格罗多利广场"，波士顿的"法纳尔市场"。把这种方式扩大到那些历史上并没有吸引多少游客的城市也是可行的，如巴尔的摩和托莱多这类不起眼的地方。这类"节日"零售的成功要求吸引郊区居民和城镇之外的游客相配合。

巴尔的摩市中心对节日零售的一个支持是"国家水族馆"的建设。巴尔的摩现在围绕内城港口地区建设了一个景点簇团，包括"电厂"、一个娱乐零售点，"马里兰科学中心"和"港口发现儿童博物馆"。

许多城市模仿巴尔的摩，在城市中心附近建设了旅游景点簇团，如克里夫兰的"摇滚荣誉大厅"，北岸港口的"大湖博物馆"，或接近旧金山芳草地区会议中心的"现代艺术博物馆"，"儿童博物馆"和称之为"米特昂"的购物娱乐中心。

会议中心和展览中心还是把游客吸引到市中心来的基本方式，城市发现它们陷入了保持最大和最好的昂贵的竞争中。尽管信息技术有了长足的进步，规划师们依然需要越来越多的空间。扩大会议中心的另一个理由是，保持一个紧凑的事件展开系列，每一个事件需要时间设置和拆除所需的设施，所以，会议中心仅有 40% 的空间实际在使用中。为了支撑地方酒店和餐馆，会议中心的事件需要连续不断地展开。

把市中心作为体育特许经营的固定场所

郊区居民来市中心的会议中心参加一个车展或船展，吸引他们更依赖于市中心的或靠近市中心的体育场、足球场和棒球场。20世纪60年代和70年代，城市都建设了综合市中心体育场，其目标是能够开展足球和棒球赛事，当然，这些体育场的观赛效果远不尽如人意。1992年，巴尔的摩市中心建成了"卡姆登场"体育场，这个体育场保持了人们之间的亲密关系和传统城市棒球公园的个性，这类体育场在城市间展开了一场昂贵的竞争，以建设新的，传统风格的观看棒球比赛的场所，现在体育场的业主们还要求新增空中包厢。

用来给办公建筑提供停车空间的地方一般都能用来做棒球比赛，克服郊区棒球场所通常具有的竞争优势：地面停车场并不昂贵。仅仅给包厢使用者提供车库的要求可以让棒球场和体育馆可以建在城里，如同克里夫兰的"雅各布斯球场"和"冈德体育馆"，它们都是紧靠街道的城市建筑物，图11.1是从一个停车场里看到的"雅各布斯球场"和"冈德体育馆"。晚上或周末，人们从市中心的停车场步行到"雅各布斯球场"和"冈德体育馆"，途径地方的餐馆和酒吧，这样，体育设施建到了城市中心的大街附近，否则，晚上和周末，那里空空如也，同样的思路，百货公司吸引人们通过步行购物街。政府对克里夫兰的这两个体育设施做了巨额投资，而得到的收益是城市的繁荣。

图11.1 克里夫兰的"雅各布斯球场"和"冈德体育馆"是根据城市设计指南设计的。它们都是建在城市大街上的，周边有停车场，并非孤立的结构。它们为城市中心提供最大的停车需求，体育馆的设计师是Ellerbe合伙人，体育场由Hok设计。

当然，替代多目的体育场的后果是需要建设新的足球场。由于每年足球赛事不多，所以，要求政府参与投资的理由不充分。拥有一个大型特许体育赛事，对城市本身是很重要的；城市和州通常偿付体育场建设的大部分费用。来自包厢的收入通常落入业主的腰包，而业主拿这笔钱去偿付球员的工资。这样，使用特许体育赛事振兴城市中心的不利后果是，纳税人最终直接补贴了业主，间接地补贴了球员。

作为艺术和文化中心的城市中心

较之于新郊区，拥有艺术和文化的长期历史是旧城中心的一个优势。艺术博物馆，交响乐团、歌剧和舞蹈公司、驻地剧场公司、巡游世界的舞台剧公司，都能够继续吸引迁往郊区居住的人们。并非所有这些艺术单位都是市中心的。艺术博物馆可能处在城市时尚区的一个公园里。音乐厅也可能向艺术博物馆一样，搬到了城市的时尚地区，如克里夫兰的"塞弗伦斯山"。

皮茨堡的"海因茨山"是第一个修复成为音乐厅的老的市中心剧场，把波茨堡交响乐团从靠近艺术博物馆的奥克兰区吸引到市中心。早年，"海因茨山"曾经用于皮茨堡歌剧院。在"海因茨基金"的领导下，皮茨堡现在有了一个完整的文化区，包括剧场、画廊、电影场，以及音乐厅和歌剧院。

市中心文化活动并非没有竞争的。地处郊区的大学常常具有一系列音乐表演、艺术和话剧表演。但是，在大多数地方，市中心的文化活动依然在一个区域最重要的活动，市政领导努力使市中心保持这种状态。克里夫兰的"剧场区"和费城的"艺术大道"都是艺术区开发的很好案例，它们把原有的和新建的表演艺术设施结合起来，俄勒冈波特兰的表演艺术中心，佛罗里达州棕榈滩的克拉维斯中心，新的大迈阿密艺术中心，都是表演艺术中心的很好的样板，建设这些表演艺术中心以保证市中心具有吸引游客和郊区居民的能力。与克拉维斯中心相邻的佛罗里达州西棕榈滩市中心新近开发建设了一个"城市广场"（City Place），它证明艺术中心能够帮助市中心零售和居住开发（图 11.2，图 11.3）。

图 11.2，图 11.3 佛罗里达州西棕榈滩市中心新近开发建设了一个"城市广场"，把零售与公寓、联排住宅结合起来。这里与克拉维斯表演艺术中心相邻。另外一项表演艺术开发项目是"希梅尔剧场"，原先是教堂。这里还有一家"梅西百货"。图 11.3 是零售店楼上的公寓。这种形式过去只能在购物中心找到。所以，这里成为市中心的一种新的混合形式。

商务改善区

市中心积累了巨大的基础设施投资和房地产价值。市中心房地产的金融利益包括许多国家银行和保险公司、房地产投资信用社和许多股份公司的金融利益，那些持有市政债券的人们也有金融利益。许多养老基金也投资了一部分市中心房地产。市中心的税收是大部分市政预算的基本来源。

然而，在地方选举中，市中心的选票并不多，市中心在卫生设施、街道维护、社会治安和其他一些针对城市街区的公共服务方面，都不及郊区。现在，郊区的购物中心和办公园区都给市中心造成很大竞争压力，郊区的购物中心和办公园区都拥有专项管理资金：维护公共空间和停车场，提供私人保安、保持公共环境卫生、公共秩序和具有吸引力。甚至在市中心还具有主导地位的时代，市中心的维护方式也不是这样，在那个时代，公众并没有其他选择。

许多社区的补救办法就是增加房地产税，通过逐步开发而获得的收益用于改善市中心的服务。这些收取专项税收的地区通常称之为商务改善区，最初，收取这些专项税是为了振兴小区商业复兴的，现在，许多大城市的中心区都采用了这种方式。在曼哈顿中心区有三个商务改善区，华尔街地区还有一个商务改善区。采用商务改善区的方式已经大大改善了华盛顿特区市中心地区的状况，费城市中心也取得了明显效果。所有地区使用它们的专项资金补贴城市服务、提供额外的街道清理、私人保安和特殊广告——所有郊区办公园区和购物中心使用的方式。

费城已经把商务改善区扩张到 20 年的时间长度，承诺拿这个区的收入去偿还债券。通过把这个区的收入资产化，这个区已经有能力大规模改善街道和日常运行。

大街项目

"国家历史保护信托基金"所实施的"大街项目"（The Main Street Program）大大促进了零售业返回小城镇、小城市和城市邻里的商业区。"大街项目"是一个过程，没有什么特殊的秘密成分。它使用从购物中心和商务改善区所获得管理经验，同时调动社区和非营利机构的力量；"大街项目"的立足点不仅仅是地方商务，而且还包括历史地区的保护和改造。这个项目起始于 1977 年和 1980 年期间，开始选择了三个社区作为试点：伊利诺伊州的盖尔斯堡，印第安纳州的迈德森和南达科他州的温泉。"国家信托"给全日制的管理者提供工资，要求他们去管理每一个社区的大街。这个过程包括 4 个步骤：组织、倡导、设计和经济改革。

每一个"大街"区通过建立理事会和委员会去组织许多志愿者一起工作。这个项目包括一系列专项，如假日游行和庆典、特殊零售事件和市场推广、农贸市场和街头市场。依靠在美国内务部注册登记的历史保护区的建筑特征，开展设计规划。对于产生收益的房地产，减少 20% 的税收，用于在美国内务部注册登记的或有资格注册登记的建筑的更新维修，对于在 1936 年以前的建筑，减少 15% 的税收，用于更新维护。规划通常涉及街道景观和街道公用设施，通常包括某种手册，指导业主如何更新他们的建筑，以满足规划标准和内务部标准，在满足这些标准的前提下，才能获准减免税收。最后，这项规划涉及整个大街的零售经济：它在整个区域市场的应该具有的地位。

当人们了解到这个项目之后，成千上万的社区都向"国家信托"申请帮助。于是，"国家信托"要求各州建立起"大街"样板。最初有 6 个州参与，现在，几乎所有的州都参与了这个项目。在 1985—1988 年期间，"国家信托"把这个项目扩大到城市邻里的商业街。现在，波士顿、圣迭戈和巴尔的摩有城市范围的"大街"项目。

一般来讲，社区偿付大街经理的办公经费和工资，州或城市偿付外部支持。"国家信托"有 24 名工作人员实施行政管理，还有 250 位项目咨询者，他们分别来自全国各地。"国家信托"还举办训练班，发放工作手册，总结各地经验。

"国家信托"的数据显示，有 17% 的大街项目失败了：即执行这个项目的组织不再存在。这种情况通常出现在项目的早期阶段和发展阶段之间，反映出难以找到适当的经理以及棘手的经济问题。"国家信托"的工作人员发现，大街项目的远景很好，但是，开始之后，不一定能够找到最好的人员去管理它们的运行。

如果真有 17% 的项目失败了，那么，意味着大多数大街项目还是成功的，或正在走向成功。"国家信托"最近的出版物列举了 45 个社区成功的故事。这是一个难得的成就。

返回到临街零售

许多人已经厌倦了购物中心，这是推进历史大街发展的因素之一。如果我们的目标是买一两项特定的商品，而不是花上一天的时间购物的话，购物中心是没有效率的。购物中心从某种程度上故意造成了某种迷魂阵，零售商希望引诱购物者去购买他们原先并没有计划购买的东西。当然，人们都建议，在去某个地方之前，先了解我们要去哪里，而当我们到达购物中心之后，应该知道我们在哪里。我们驱车进入城市大街，做到这一点并不困难。城市大街还提供了通往其他目的地的途径，如办公室和公寓。所以，人行道上人们并非都是购物者，他们各有各的目的地。

整个美国市中心的商业街都在返回，原先只能在购物中心里看到的商店也出现在了大街边上。有些人关切，购物中心的那些商店排挤了地方生意，但是，这种新型的商业街把购物中心的商店和地方餐馆和特殊的商店混合在一起，如加利福尼亚的圣莫里卡第三大街。

南卡罗来纳州查尔斯顿市中心的国王大街，20世纪80年代，国王大街曾经因为两家百货店的关门而遭受重创。后来，查尔斯顿市政府帮助一家新的酒店和一家会议中心寻找资金，它们在临街的空间位置上，开设了2800平方米的高档商品店，商品档次高于查尔斯顿郊区购物中心类似商店的水平。这个新的零售商店证明了它的成功，进而扩大了国王大街临街店面的总长度。这一成功还吸引了一家"萨克斯第五大道精品百货店"入住此地，它使用的场地原先是一个历史建筑，这幢建筑被清理后，场地用于一家小银行支店。国王大街上的大多数商店还是地方的专卖店、餐馆和古玩店，它们一起形成了一个购物区，吸引游客和地方居民（图11.4，图11.5）。

图11.4 沿南卡罗来纳州查尔斯顿市中心的国王大街向南看。左边是查尔斯顿市政府积极推广的一家酒店和一家会议中心临街的专卖店。右边，那幢比较高的建筑是"萨克斯第五大道精品百货店"，它是在市中心复苏之后吸引过来的。

图 11.5　沿南卡罗来纳州查尔斯顿市中心的国王大街向北看，从"香蕉共和"开始进入这条大街的零售店集中的段落，现在，这条大街把地方专卖店、餐馆和古玩店混合在一起，这类零售店过去通常只出现在步行商业街里。

　　临街零售的问题之一是，它不能像多层购物中心那样把各式各样的商店集中起来。通过按照"三明治"方式设计市中心临街零售，密度大体可以与三层楼的购物中心相匹敌。在这种三明治式的设计中，较小的商店直接临街，而比较大的商店放到楼上或放到地下，当然，它们都有临街的入口。当我们看到一个量贩书店的招牌时，走进去所立即看到的只是书店的一小部分，使用扶梯上楼之后，才会看到整个楼层的书店。一些音像制品店常常设置在地下，而临街那一部分只是入口。现在，这种集中的临街零售方式在大城市里随处可见，如纽约的第五大道，实际上，比较小的城市中心也能这样做。

贝塞斯达的市中心

　　马里兰州贝塞斯达市中心曾经是一个适度的郊区购物区，现在，那里发展成为一个城市中心，包括办公建筑、酒店和公寓大楼，之所以发展成为这种类型城市中心的原因是，那里是华盛顿特区地铁的一个站，而且那里是这个比较富裕居区域的地理中心。这个地区更新之初的结果是，用那些在办公区才能找到的餐馆和快捷便利店替代地方上的零售店，如眼镜店和旅游代理。以后，在一个大型公共停车库的支撑下，发展成为大型的和多样的区域餐饮区，这些餐馆沿邻近中心的小街网落展开。现在，开发商"联邦房地产"正在那里展开了以临街零售店为主的新一代多样性。第一阶段，一个公共停车库占据一个地块的中心，周边环绕着临街零售店（图 11.6）。通过建筑退红，扩宽人行道，这种比例是一个例外，市中心的建筑应该沿地界建设。步行者沿建筑物走；但是，步行者和建筑之间留出了一个空间，可以用于室外咖啡、设置景观和街亭，停放自行车等（图11.7，图11.8）。结果是获得步行商业街的优势，同时，又与地方交通系统以及商业建筑紧密联系起来。零售一般占一层，当然，地处街角的"巴恩斯和诺布尔"占了两层。其他建筑的二层以上均为办公空间。

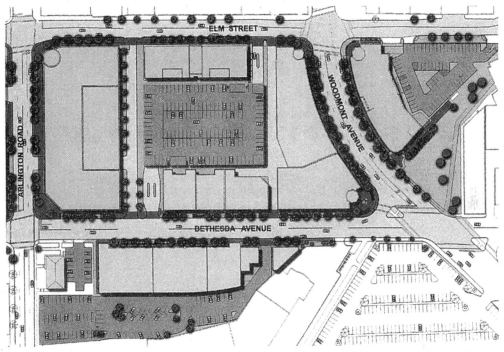

图 11.6　马里兰州贝塞斯达市中心的零售开发：临街零售店环绕着一个公共停车库，而不是停车场环绕商店。

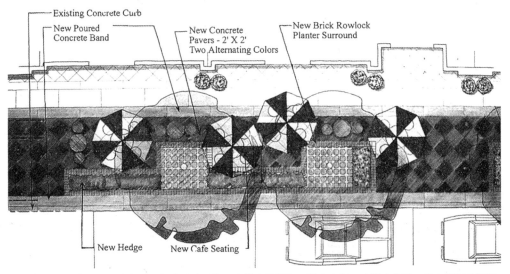

图 11.7　贝塞斯达市中心在开发新建筑时，做了比较大的退红，留出空间，建设人行道，这个退红空间里，有人行道，还进行了景观建设，安排了户外咖啡空间、长凳、自行车停放设施等。

图 11.8　贝塞斯达市中心景观化了的人行道，行人利用建筑旁边的退红空间，这样，人行道就成为行道树下的多功能空间。

市中心的住宅

对市中心办公人员的民意测验显示，如果有适当的住宅，大量在城中心地区工作的人都愿意生活在城市中心或附近地区。那些孩子已经长大或已经离家去上学的郊区家庭，可能已经厌烦了对郊区大房子的维护，愿意住到城市公寓或联排住宅里。刚刚离开父母独立生活的年轻人乐于生活在偶有事件发生的地方。所有这些群体创造了市中心地区或靠近市中心地区的住宅市场。房地产业一直都把市场放在郊区独立住宅和公寓住宅市场上，而没有关注城市中心地区住宅市场的机会。现在，房地产业开始认识到城市核心区的住宅开发潜力，对此已经产生了很大的兴趣。

许多城市都认识到，开发城市中心地区的住宅能够支撑零售业和餐饮业，吸引办公，所以，这个住宅市场与政府的政策相互作用。城市正在利用土地合并、税收起征点和其他奖励措施来克服其弱点，显然，在郊区空地上建设住宅的确有成本上的优势。许多市中心都有大量旧的办公建筑，适合于转变成为公寓建筑，如下曼哈顿的一些著名的老建筑。市中心附近还有一些过去轻工业和服务业使用的空闲场地，它们也适合用来做居住开发。

达拉斯的居住区

达拉斯的居住区曾经是第一次世界大战前高收入阶层聚集的居住区，那里的许多住宅已经被改造成小的服务业经营场所，还有一些住宅被改造成为公寓或转变成为商务用房。同时，一些高档店、餐馆和旅馆依然存在，这个地区依然占有地处达拉斯市中心与富裕的海龟溪（Turtle Greek）地区之间的优势。按照达拉斯市协调制定的规划，自 20 世纪 80 年代中期以来，那里建设起了几千栋的新的公寓单元。这些公寓建筑一般是四层，配有电梯，按照传统城市模式，临街建有人行道。这些公寓有内部的庭院和内部的停车库。地处主要大街上的公寓第一层安排了商店。大量这类建筑形成了步行邻里（图 11.9，图 11.10）。

图 11.9 达拉斯的居住区，地处达拉斯市中心北端，已经开发出了中高层公寓，它们围绕自己的庭院建设起来，内部有自己的车库。

图 11.10　达拉斯居住区开发采用了临街的形式；大街一层用于零售和餐饮。

阿尔伯克基市中心

现在的阿尔伯克基是一个分散化了的城市，这座城市通过合并而逐步发展起来；大量新的开发绕过了市中心。一项旨在强化中心商务区的规划打算围绕新的车库开展建设，沿街开发商店和办公室，剧场综合体，大规模投资开发居住建筑。第一阶段开发包括了一个簇团的联排住宅，建筑数量不大，但是，能够很快形成一个很大地区的新的形象。下一阶段，再开发高密度住宅。（图 11.11~ 图 11.14）

市中心的生活－工作单元

信息技术将改变社会，按照这种方式所作出的预测常常显示，那些选择在家里工作的人们将会乐于住到山顶上或海边去。实际上，有这些选择机会的人们将会选择住到小城镇附近，住到城市街区里，或干脆住到城市中心。洛杉矶的市中心，波特兰市中心附近，已经建设起来这类生活－工作单元，还有一些企业家把现存的住宅和工业建筑改造成为这类生活－工作

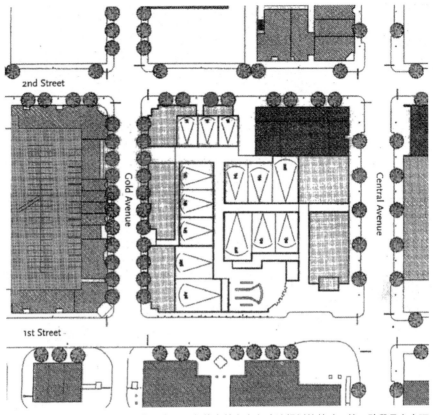

图 11.11　住宅开发和娱乐零售开发是阿尔伯克基市中心改造规划的基础。第一阶段是商店环绕着新的停车场建设，然后是多用途的电影剧场。

单元。虽然人们能够通过互联网或传真机、电话进行交流，但是，人们愿意离开计算机的屏幕，与人进行面对面的交流，他们对比较传统的围绕办公形成的社会网络情有独钟。能够出去喝杯咖啡，能够与同业人士亲密相处，能够靠近市中心的所有文化和娱乐设施，都是吸引人们建立起生活 – 工作单元的区位。"国家住宅协会"非常了解这种倾向，2001 年，它在全国会议上提出了三种类型的生活 – 工作单元的模型。

市中心的竞争优势：城市中心是一个真正的场所

从 20 世纪的 60 年代到 80 年代，大城市的市中心曾经努力与郊区的办公园区和零售业展开竞争，而这种竞争采用的是方式是尽可能模仿郊区模式。城市街道被改变成为步行购物中心，以模仿早期的郊区购物中心。正如我在本章一开始所提到的那样，在大多数情况下，这些市中心的步行商业区已经失败了。以后，城市建设了室内的购物中心，以模仿大型的郊区购物中心。这个战略方式在某种程度上是比较成功的，但是，常常在市中心的一些街上产生出若干盲点，这样，购物中心里的生活生机勃勃，但是，围绕城市而展开的活动不多。人们拆除

图 11.12　处在这张渲染图中间的是剧场，它显示出，具有地面层零售商店的居住建筑如何填充到市中心的闲置场地上。

图 11.13　阿尔伯克基市中心改造第一阶段计划建设的联排住宅。

图 11.14　下一阶段将建设公寓大楼。

了旧的建筑，以建设停产场，于是，一旦人们离开市中心大街，建筑都是分离的单体，周边环绕着停车场。比较小的城镇放弃了它们的大街，城市市政厅和公共图书馆跟随着商业带和连锁餐饮店，迁移到绕城的商业带上去了。

20 世纪 80 年代，这个过程开始转向。"大街项目"，大城市的规划和更新改造等，推进了历史保护和城市设计，这是这种转变的部分原因。城市推广它们的文化和旅游产品，建设会展中心，也是推进这个变化的一个原因。有些城市的成功源于它们老城地区积存下来的历史性建筑，人们最终认识到，这些建筑是一座城市的资产，它们并不妨碍对土地"最高的和最好的利用"。城市开始改善它们作为场所的质量：维修旧的建筑，对街道进行景观改造，推进艺术和文化事业。

这种对大城市传统吸引力的振兴最初是为了拉动旅游业和会展业，实际效果却是导致了区域市场的变更。克里夫兰的公寓和仓库区在市政府的帮助下蓬勃发展起来，当然，这种成功主要还是因为地方企业家的努力，他们用便宜的房地产去开发餐馆和娱乐聚集区，让那些地方比公路出口处更具吸引力。有些生意来自市中心的就业者、游客和参加会展的人们，当然，一些郊区居民在工作之余也到城区的这些地方来。许多城市的娱乐和餐馆还产生了夜生活，把区域里其他城镇的人们也吸引到了市中心地区。

有些到城里来娱乐的人们开始对居住在城市发生了兴趣。许多城市先锋开始生活在仓库转变而来的公寓里，模仿纽约 Soho 区一些艺术家的生活。很快，生活在城市阁楼里成为一种趋势；现在这种居住场所已经成为一类房地产。当开发商没有可以改造的旧建筑时，他们开始建设新的建筑。开发商曾经在郊区建设了联排住宅。"霍夫纳尼安"公司在纽瓦克市中心附近的遭受了毁灭性灾难的"第一街区"开发联排住宅，建成之后，迅速售出。

一些受过良好教育的年轻人对生活在市中心很有兴趣，于是，希望这些年轻人前来工作的企业开始寻找市中心的办公场所。如丹佛和旧金山等城市都有这种发展趋势，当然，最近"新经济"就业所面临的问题让这种发展减缓了一些。

一般来讲，好的餐馆营业额需每个座位一天之内超过4人次顾客量，这就是为什么那些必须依靠午餐的餐馆难以成为好餐馆的原因。也有一些例外，如非常昂贵的餐馆，它们有早餐或为酒店服务，综合多种因素获利。

因为市中心居民和在市中心上班的人们下班后来就餐而产生出来的生意，要比那些靠近购物中心或办公园区的餐馆好。能够从一个地方步行到另一个地方也是一种优势，而市中心能够找到这样的地方。如果一家餐馆需要等上一个小时，另一家餐馆如何？

这种现象能够自我强化：到城里来娱乐、消费、参与文化事件的人越多，餐馆的服务也会更好。城市里的气氛越诱人，城里的办公室和住宅就越具有吸引力。

市中心的复苏并非源于成为主导办公场所，也不是因为模仿购物中心。过去40年的很多变化都是持久性的。郊区办公园区和零售中心所具有的竞争性只会更大。建立在充分发挥市中心优势基础上的建设才是未来市中心繁荣的最好机会：市中心的中心区位、市中心的紧凑性，市中心积累下来的历史建筑，市中心的变化多端和层出不穷的事件。每一个便宜的，比较旧的建筑都能够成为一种资产，因为，它们给那些不能承受新建筑的企业家一个发展的机会。

总之，人们被吸引到大街和市中心是因为大街和市中心都是真实的。大街和市中心都是经过长期积淀，经过无数决策而出现的产物，大街和市中心产生了一种不能复制的氛围，甚至最具想象力的主题开发也不能复制出这种氛围。市中心已经是一种现实的地方，它们所具有的竞争性还有待开发。

第三部分　实施

第 12 章　设计公共环境

公共环境包括城市或城镇中公共所有和向公众开放的所有地方：街道、公园、政府大楼、桥梁、机场、公交车站。私人所有的地方也能成为公共环境的一个部分，例如购物中心的步行街、酒店的附属设施、办公建筑等。

作为最基本公共空间的街道

街道大体占城市土地面积的 1/4，街道是城市公共环境中最重要的部分。在传统城镇中，大部分社区生活是发生在街道上的。重型轮式交通的出现产生了冲突；繁忙的市中心街道似乎不再够用了。20 世纪 20 年代，理论家们提出了人车分离的主张。把小汽车、卡车和公共汽车限制在一个通道内，以实现车辆行驶的效率，而步行者则走一条通过公园和花园里架起来的道路。这是一种合理的理论。第二次世界大战后，许多城市把这种理论用于实践。不幸的是，这种理论设想实施不了。步行道和开放空间与建筑物分离是不安全的，甚至在瑞典这样的国家，同样是不安全的。斯德哥尔摩干草区（Hotorget）著名的步行桥和架起来的步行道现在已经关闭了，当然地面的步行道还在使用中。围绕 20 世纪中期建设起来的公共住宅的开放空间一般都不太安全，建筑师和规划师曾经认为把这些公共住宅建设在一个超级地块上，不失为一种选择，实际上，如果把这些公共住宅建筑建在传统的大街上和传统的地块上，可能安全得多。

正如前一章所提到的那样，在欧洲，把市中心的商业街全部改变成为步行街的确成功了，当然，大部分的人都是通过公交车到达城市中心区的。迈阿密的林肯路和圣莫尼卡的第三大街也这样做了，但是，原因是那个地块不长，十字路口允许车辆通行，步行街仅有几个地块的长度。美国绝大部分步行街现在重新向机动车开放了。

现在，步行是城市地区创造社区的基本方式，接受这种理论的人们还接受这样的观点，步行道应该基本上是沿街的人行道。芝加哥国家大道上的步行段落（图 12.1）已经重新向机动车开放，但是，人行道则是经过精心设计的，目标是吸引步行者。如何让机动车继续在街上通行，同时又能让步行者舒适地行走，这是优秀的城市设计的一个中心问题。

图 12.1　芝加哥步行街上的购物中心已经由整修的街道和提高质量的人行道所替代。在行人和街道之间建起了一个景观区，这是由 SOM（Skidmore，Owings and Merrill）所设计的最重要的部分。

设计城市街道和街道公共设施

在老的城市版画中，建筑直接与街道和广场相联系；一幅反映1818年巴黎意大利剧场前情景的版画显示，那里甚至没有人行道（图12.2），当然，其他地方的步行区是清晰确定下来的，如同一时期伦敦的街景中可以看到这一点（图12.3）。在两幅画中，我们都可以看到灯笼，点灯的人会在黄昏时点燃它，但是，没有看到交通信号灯，没有电线和电线杆子，没有交通信息标志，没有消防栓、邮筒、消防和警察呼叫设施、买报纸的机器、垃圾箱、电话亭或其他街头公用设施，最重要的是，没有停在那里的小汽车。也没有行道树，实际上，只是到了19世纪后期，城市里才有了行道树，而只是到了最近，种植行道树才成为标准实践。

19世纪中期，当时有一位给奥斯曼工作的景观建筑师让·阿尔方（Jean Alphand）发明了许多改善巴黎街道设计和设置街道公用设施的方式。在拿破仑第三称帝时期，奥斯曼指导了巴黎旧城改造。能够在街上存活的树种的选择和种植，树木维护、路牙、桩和围栏的设计，路灯、路标和街亭的设计，当时都得到了解决方案，一直延续至今。熟悉巴黎的美国建筑师和景观建筑师把这些方式带到了美国，在20世纪初的"城市美化"规划中得到了应用。芝加哥上的路灯就是这种街道设施的现代表现，纽约"巴特里公园城"的街景也是这种街道设施的当代表现（图12.4）。

现在，建筑继续确定街道空间，而街道本身现在有了另外一个中间层，单行标志、电线、停车收费表、交通信号，还包括停在那里的大车小车，老巴黎的那个时代的设计没有预计到

图12.2　1818年巴黎意大利剧场前的情景。车行道与人行道之间没有距离。除路灯外，没有其他道路设施。建筑物确定了街道空间。

图 12.3　1829 年伦敦布卢姆斯伯里区的布德街。这条街有人行道和路灯，但是，没有交通信号，路标和其他街道设施。建筑物确定了街道空间。

图 12.4　纽约"巴特里公园城"恢复了的传统街道设施设计。因为那里的机动车流量不大，所以，没有必要设置交通信号等和路标。注意，简单的植树细节。

机动车。人们也许没有刻意去关注这个中间层所造成的视觉混乱，他们宁愿没有这些东西。过去几十年里，大部分城镇都对他们认为重要的街道标志做了改善，有些地方把这种做法推广到城市中心或历史区域范围。以下是一些需要在所有城市街道推广的一些方式。

1. 给步行者留出足够的空间

大部分城市地区的街道既需要服务于步行者，也需要供机动车使用。如果削减人行道，给机动车腾出空间，那么，行人的空间就会过于狭小，其实，这是十分常见的情况。第二次世界大战结束后城市化起来的地方，一直都没有适当的人行道。正如我们前面提到的，休斯敦的居民区建立了一种特殊征税区，对这个地区的公共环境进行了改造，通过增加街道网络，让机动车行驶更为顺畅，同时，通过给每一条街建设人行道，鼓励步行。

人行道需要完全无障碍的宽度大约是 2.43 米，即两对人擦肩而过，没有什么不舒适，而且无须让路的宽度。休斯敦居住区里比较典型的人行道宽度大约是 1.2 米，这个宽度不够两个人舒适地擦肩而过，当然，人行道边有时会有一个草带，足以让步行者擦肩而过了。

人行道上还必须给路灯留出空间，支撑电线杆的中心线要从路牙后退大约 0.457 米，避免汽车撞上。还需要空间设置消防栓、呼叫电话箱、邮箱、自动售报箱和电话亭。如果还要种上树木，那么这些树木需要的种植区宽度大约为 1.5 米。

这样，城市人行道的最小宽度大约为 3.96 米，这个宽度足够营造一个宽松的步行无障碍区和一个与路牙保持 1.5 米的距离，这个带状空间可以种树和设置停车收费表以及其他必要的街道设施。如果要在人行道上经营户外咖啡或摆放展示设施，最小的人行道宽度为 5.48 米（图 12.8）。

2. 把大道转变成为林荫大道

美国的城市和郊区充斥了宽阔的大道，目标是提高行车效率，不允许种树，不建自行车道，不考虑行人沿街步行或试图过街。下一代人可能会把这些大道转变成为轻轨车辆行驶的道路，所以，有可能需要重新设计。这些街道的剖面图显示，一个城市达到如何首先转换成为一个 5 个车行道，加上一个辅道和与零售店面相连的停车空间的道路，然后，再转变成为公交道路（图 12.6~ 图 12.8）。

3. 安排道路标志和街道公共设施

停车信息标志、球场和会展中心的路标、有关公交车服务的信息等，可能的标志数目正在扩大，不同的机构可能负责设置它们。一般来讲，在需要一种新的标志时，工作人员驱车到达，把这些标志安装到路灯杆子上，有些路灯杆是用银灰色不锈钢制作的，而有些路灯杆的色彩各异。如果附近没有这类灯杆可以利用，或者各类标志已经很多了，工作人员会在人行道上挖一个坑，安装上插槽的金属杆子，然后把标志安装上去。没有人关心整个杆子的角度和标志是不是容易被人看到。在大城市的市中心地区，这个程序造成了很大的混乱，标志所及的信息很难找到。曼哈顿中心商务改善区里的这类杆子就是如何处理这类复杂标志的一个例子（图 12.5）。

图 12.5 非常难以理解什么时间和是否我们能够在曼哈顿停车。这个中心商务改善区正在通过把相关的路标有秩序地放置在一处，以便给人以帮助。

图 12.6，图 12.7 ROMA 设计集团的设计说明了如何首先把一个宽阔的大道转变成为包括支持零售业的停车空间和辅道的道路，然后，再设计成为公共交通可以通行的轻轨公交的道路。

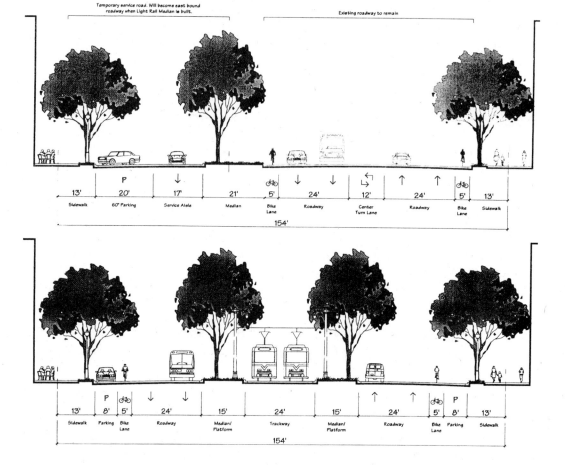

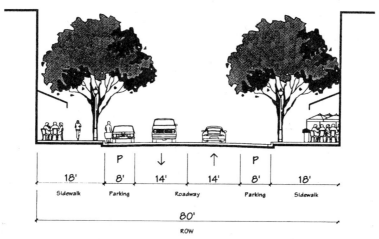

图 12.8　在那些有零售店面的街道上，需要足够的空间，供步行者和人行道活动使用。

　　下曼哈顿的商务改善区，"市中心联盟"已经开始推行一种设计简单的路灯和其他街道公用设施，这些都是由"库珀与罗伯森建筑事务所"的城市设计师与"昆内尔与罗斯乔建筑事务所"的景观设计师一道完成的，"昆内尔与罗斯乔建筑事务所"还在曼哈顿其他商务改善区工作。他们设计的不是那种开槽的标志金属杆，而是特殊的圆柱形黑色标志杆，与路灯同属一种形状（图 12.9）。

4. 让路灯适合于车辆和步行者

　　高度 9.1 米的标准 450 瓦钠汽灯是一种有效的道路照明设备，但是，这种灯具给驾驶员的眼睛造成了一种眩光，而把步行者笼罩在一种不自然的橘黄色的灯光中。商业街的路灯间隔应该相对小，路灯高度大体为 3.9~4.5 米，让行人处于柔和的灯光下。下曼哈顿联盟采用的给步行者照明的灯柱高度为 4.2 米，使用"无极感应"光源，像荧光灯一样，但是光的色彩接近白炽灯。机动车道照明灯的高度应为 9.1 米，采用减少眩光的灯具。机动车道照明灯最好是白光，下曼哈顿商务改善区使用的是卤化灯，巴黎、华盛顿时代所使用的铸铁灯具的翻版或其他类似灯具并非适合于现代的照明需要。华盛顿的"橡果"市灯具在 1904 年麦克米兰规划中使用过，这种灯具白天看上去很好，但是，在晚上，这种高瓦数的钠灯产生巨大的眩光。最好的步行照明灯源于低眩光的灯具，这种灯具遮住了灯源的光、反射或扩散的阴影。下曼哈顿使用的就是这类灯具。

　　美国交通部颁布的《街道和公路统一交通控制设施手册》要求，交通信号灯需要安装在远距离可视的地方，这种距离随汽车接近交叉路口的速度增加而增加，如图 12.10 所示。为了满足这个要求一般需要使用悬臂在车行道上方设置信号灯。这种悬臂常常悬挂其他的交通信息、街道标识、有关车道和转弯的信息等。由于这些交通信号悬臂闯进了街道空间，所以，它们成为街道景观的永久性部分。改善它们的设计，能够很大程度地改善街道。

　　许多城市都在努力把路灯和标志安排到一个平面系统中，但是，这种结构，包括悬臂，必须非常坚实，以承载街道上的风载荷，因此，这种结构很容易过重过大而不能使用。佛罗

| 路灯 | 人行道灯 | 交通信号灯 | 路灯和人行道灯 | 街道标志杆 |

图 12.9　由库珀与罗伯森建筑事务所和昆内尔与罗斯乔建筑事务所共同完成的下曼哈顿商务改善区使用的街道设施。

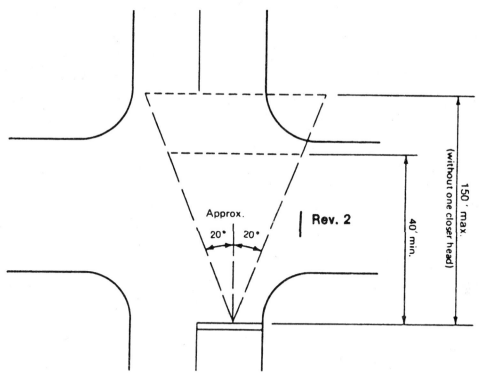

图 12.10 设置交通信号灯的位置，资料来源于美国交通部颁布的《街道和公路统一交通控制设施手册》。

里达的杰克逊维尔等城市使用的这类结构最好，那里的路灯是水平布置的。在大多数情况下，一个简单的水平放置交通信号灯的悬臂系统可能最好。

5. 交通信号灯不一定是黄色的

美国交通部颁布的《街道和公路统一交通控制设施手册》有一个条款提出，"为了与视觉背景形成最好的反差，希望信号灯外壳采用公路黄色。"这个手册有三个层次的语言来描述它的条款。如果这个手册说某项条款时使用"将"，意味着这个条款的执行具有强制性。如果这个手册说某项条款时使用"应该"，意味着这个条款具有建议性，如果这个手册说某项条款时使用"可以"，意味着这个条款所提出的指示并非正式的设计要求。上述条框使用的是"希望"信号灯外壳采用公路黄色，而没有使用"将"、"应该"或"可以"中的任何一个词。对于熟悉官方语言的人来讲，遣词造句是重要的；所以，"希望"信号灯外壳采用公路黄色不过是一个观点。如果认为其他希望的因素更重要的话，如信号灯外壳采用与历史地区黑色或暗绿色灯杆一致的颜色，地方上完全可以这样做。

不幸的是，这个手册中的这句话对美国的街道景观产生了很大的影响。从工厂里买来的信号灯外壳已经涂上了公路黄色。出于某种原因，可以通行和不能通行的步行信号灯外壳也涂上了明显的黄色。许多城镇买来这些灯具，也就安装上了。黄色并非一定是一种不好的颜色，但是，黄色常常并非一种适当的颜色。华盛顿特区把它的所有街道设施统一涂上了青铜色，包括信号灯外壳、通行和不能通行的步行信号灯外壳。许多城市给车辆信号灯外壳涂上了黑色。他们这样做自有他们的道理。很难理解信号灯外壳采用黄色有什么优越性。当人们关心信号灯本身的可视性问题时，他们认为在信号灯背后采用暗灰色或黑色的背景作为反衬。有时，这些背面板不是黄色的，这个背面板覆盖了交通信号灯外壳。遗憾的是，许多城镇大街和地方历史区采用黑色、深绿或其他特殊颜色的灯具，但是，信号灯外壳依然沿用公路黄色，他们误认为这种黄色是安全所要求的。

6. 保持街道上树木兴旺

当树木的生长超出了它们根系的能力，树木开始死亡。当我们在典型的人行道树坑里植树时，它们的根部仅仅有一个有限的空间发展。一种解决办法就是不断地修剪树木。正如我们在欧洲城市里常常看到的那样，修剪过树枝的街道树木总能生长良好，尽管它们生长的空间很有限，但是，没有几个美国城市按照这种方式安排工作人员。另外一个办法就是设计一个树坑，允许树根继续蔓延。把树种到一个延续的种植带了，而不是种到一个树坑里，可以允许树根继续蔓延。树木之间的人行道段能够用来衔接植物空间，景观建筑师詹姆斯·厄本（James Urban）详细阐述了这种方式（图12.11）。詹姆斯·俄本的另外一种方式是在树坑里安装系列垂直的聚乙烯片，这种方式还在实验中。树根沿着这些聚乙烯片向上发展，在树坑里产生多组树根，这样，达到与树根蔓延生长一样的效果。

如果树木在种植时很小，它的存活会有一些麻烦。在城市街道上种植的树木树干直径不应该小于6.3厘米。移植大树是很昂贵的，除非需要产生即刻的效果，否则，移植树木没有什么意义。在城市街道上种植树木的树干直径最佳尺寸大体为8.89厘米左右。

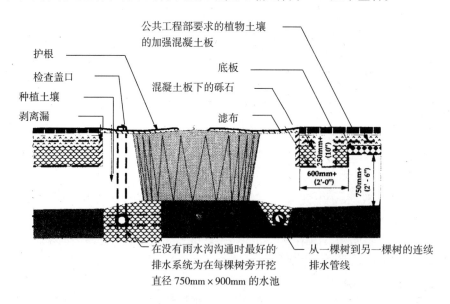

注：经过娱乐公园和一般服务部的批准，可以在准备替换护根物的地方种植地面覆盖植物和安装暗色的护根物。公共工程部负责批准铺装和路牙结构设计。

Section
Tree Planting
Parallel to Curb

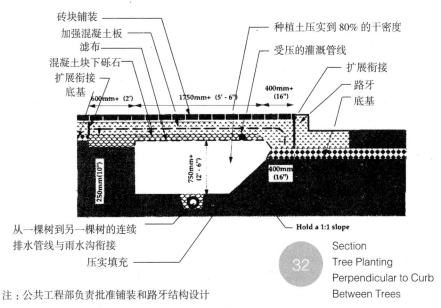

图 12.11　景观建筑师詹姆斯·厄本所提出的种植细节，其要点是给街道树木根部足够的生长空间。树根并不限于树坑，它们能够在人行道下发育生长，人行道成为压实部分之间的一个过渡段。

在树木生长的头两年里，我们需要某种系统维持给树木浇水。理想的办法是，周边业主承担这项义务，或安排公园部门的人员或商务改善区的人员承担这项工作，在需要浇水时，去给树木浇水。另外一种办法是安装自动灌溉系统，当然，树坑需要很好的排水，尤其是在下雨天，否则，太多的水会导致小树死亡。当自动系统寿命到期时，小树已经长大了。

围绕树木的地方应该是透水的，然而，在城市地区，人们需要在树木周围活动。树池保护格栅是一种典型的解决办法（图 12.12）。树池保护格栅中间有一个树干孔洞，随着树木长大，这个洞可以扩大。如果维护不当，这种树池保护格栅可能会导致树木死亡。另外，会有一些垃圾进入这些洞隙，而且很难清理，一些穿高跟鞋的行人可能难以在上面行走。有些景观建筑师建议，不要使用这种树池保护格栅，而是使用覆盖物即可。纽约市中心区把树坑当作花坛来处理，围绕树木做一些防护设施，两个系桩防止倒车伤及树木（图 12.13）

7. 选择可以维护的铺装材料

巴黎的许多人行道采用了沥青材料铺装。美国市中心的人行道建设中，不允许使用沥青材料，临时使用另当别论。巴黎行政管理部门愿意把钱花在树木、路灯和街亭上，它们只是在那些特别显著的地方采用特殊铺装。除非对街道实施全面改造，否则，特殊设计人行道的问题是，安装在人行道上的基础设施、消防栓、雨水沟等经常发生不可预测的问题，在维修时就会破坏人行道的表面和结构。另外一个问题是，因为维修人行道下面的管道系统或其他设施而破坏的部分很难复原。于是，常常打上各式各样的沥青或水泥材料的补丁。有些市中心街道设计了特殊的设施接近带，使用可以移动的铺装方式。从理论上讲，所有地下设施都应当安排在个设施带下面，这样，维修起来就很容易了。然而，即使这些设施确实是在这个

图12.12　传统的树坑和树池保护格栅。树池保护格栅中间有一个树干孔洞，随着树木长大，这个洞可以扩大。如果维护不当，这种树池保护格栅可能会导致树木死亡。另外，会有一些垃圾进入这些洞隙，而且很难清理，一些穿高跟鞋的行人可能难以在上面行走。

图12.13　纽约市中心区把树坑当作花坛来处理，围绕树木做一些防护设施，两个系桩防止倒车时伤及树木，小篱笆是为了防止狗伤及树木。

维护带下，工作人员不可能完全不损害人行道上的铺装，或者原封不动地铺装回去。特殊的人行道最好只用于商务改善区或其他有额外资金维护和修缮的地方。

　　以简单模式用砖块砌成的人行道相当适用于那些人行道下埋有地下设施的人行道，如不同直径的井盖、消防栓、紧急电话呼叫箱，这些设施的空间布置具有偶然性，很难迁移。砖块砌成的人行道很容易修缮。

　　使用传统水泥铺装人行道有很多优越性，容易修缮，地下设施容易得到维护，把昂贵的人行道铺装费用用于植树和安装高质量的路灯。

设计郊区街道

1. 街道需要一个相互连接的街道系统

　　正如我们在第六章所讨论的那样，街道需要一个相互连接的街道系统。如果那里几乎没有贯穿性的街道，那么，所剩无几的主要街道可能交通压力过大，产生大家都熟悉的郊区拥堵。

邻里也应该有相互连通的街道系统，过分依靠断头路可能让人难以寻找住宅，也不利于步行。当然，相互连通的街道系统并非意味着车辆可以高速通行于居住邻里和步行导向区：我们能够通过街道布局模式设计让机动车缓行，如我们在开场白中所介绍的"怀尔德伍德城镇中心"那样。

2. 把街道转变成为林荫大道

公共规划师曾经认为，每一个低密度居住区总有一天会作为较高密度城市邻里改造，每一条地方商业街总有一天会变成市中心。这样，设计街道并非只是为了现在的使用，而是为了未来的使用。地方法规中都采纳了这种观点，即使正在变化的开发模式显示情况并非如此，也是这样。

在讨论街道宽度时，有三种测量：第一，通行区，即用于街道的整个面积；第二，供车辆使用的铺装路面；第三，街道两边的道路边缘和通行区之间用于人行道和景观建设使用的区域。

邻里中 30 米宽的道路能够按照林荫大道来设计（图 12.14，图 12.15）。18 米宽的通行区并不一定自动地生成 10.9 米的车行道，这是一个很荒谬的地方邻里道路铺装宽度。地方邻里街道的铺装部分能够狭窄到 6 米，足够双向两道低速行驶汽车。每边各留出 6 米的人行道和景观带。街上如何停车呢？每边各有 2.4 米宽的停车道，这样，整个铺装区域达到 10.9 米宽。当每幢住宅均有自己的停车空间时，是否能够仅在道路的一侧设置停车道？是否可以考虑在一个 6 米宽的道路上，仅允许车辆停在道路的一侧，而让通行的车辆绕过停下来的车辆呢？另外一种方案是：一个通行道，两个狭窄的停车道，如图 6.11。

正确的答案取决于沿街的开发密度和街道是否适合于较大车流量。我的观点是，许多地方居住区规划法令所规定的最小铺装宽度还是太宽了。

如果车辆在狭窄街区道路上以 24~32 公里 / 小时的速度行驶的话，街道转角处的转弯半径应该按照道路宽度和速度来加以设计，大体可以小至 6~4.5 米。10.9 米的弯道半径，加上 10.9 米宽的道路，可能引诱车辆以 42~64 公里 / 小时的速度通过这个拐弯处，那些低密度的有许多小孩的邻里不会欢迎这样的设计，这也不是成年步行者所希望的。

除开主要交叉路口外，郊区街道的铺装宽度常常能够保持为两道，或两道外加超车道，在主要交叉路口，可以增加转弯道。仅仅在交叉路口采用较宽的铺装道路，可以减少沥青铺装的道路面积。对于居住邻里来讲，每个方向两道，再加上转弯道的街道是一个不尽如人意的障碍。

3. 人行道

如果我们相信，能够步行是创造社区的一个重要部分的话，地方街道至少有一边有人行道，这是很重要的。人行道并不需要像城里那样宽。1.2~1.5 米的宽度就是适当的。在非常低密度地区，在街上步行是一个安全选择。如果有空间，期望建设自行车专用道。

超大地块不适合于步行，当然，如果大地块内部有绿道系统，则是另外一回事。最大地块可能为 182 米 × 91 米和 213 米 × 60 米，这样，最大地块周长 548 米。如果有一个步行

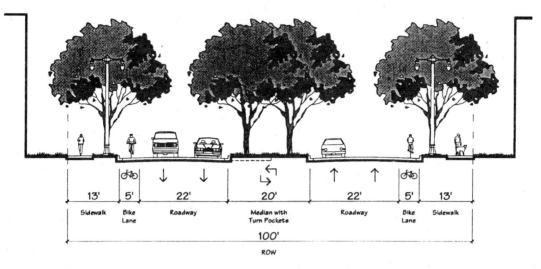

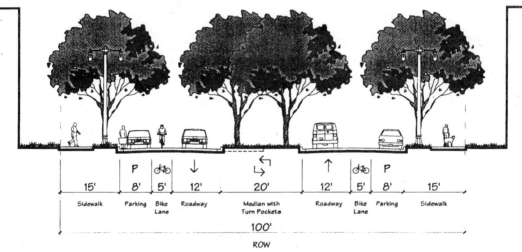

图 12.14，图 12.15　街道能够合计成为林荫道。中间的景观带能够让步行者很容易穿越道路。

到通过地块，让子地块的周长低于 548 米，那么，可以划分比较大的地块（图 12.16）。居住区法令通常规定了地块的最大周长，以保证可以步行的街道规划。因为胡同是用来作为辅道的，而不是用来步行的，所以，胡同不应计入减少的地块周长。

4. 道路景观

如果人们打算步行，他们需要一个目的地，研究发现，可见的目的地需要保持在 5 分钟步行距离之内。这样，人们在街道一端所能看到的东西就很重要了。视线落到一个车库的大门上，当然远不如视线落到一个公园或社区建筑上好。

站在人行道可以与屋里的进行交流的距离是保持步行者兴趣的一种方式，如果人们希望使用前廊的话，前廊的确能够对保持步行者兴趣起很大作用。

图 12.16　地块中间的通道能够让人们在邻里地块内部步行，这是肯特兰斯居住区的一个例子。

设计公园和公共空间

怀特、盖尔和其他一些人的研究已经给了我们一些设计公共空间的简单原则，我们能够把它们总结成为如下 9 条。

1. 使公共空间清晰可辨

如果精明的步行者不能看到他们如何走进一个公共空间之后还能够再走出来的话，他们是不会走进这个公共空间的。下沉广场或凸起广场通常对以步行为目的的人们没有吸引，两种广场都是某种封闭的死胡同。成功的公共空间需要若干清晰可见的入口和出口。同样的道理也适用于公共空间的子部分。不应该有任何僻静的角落或不能通行的角落（图 12.17）。

内部的公共空间需要向户外开放，这样，人们能够知道他们所处的位置。过街天桥系统通常有窗户，让人们知道方向，地下通道系统应该可以看到若干偶然出现的下沉庭院。艺术作品和独特的店面能够帮助人们找到方向，但是，它们并不提供建筑外部任何熟悉的标志。

图 12.17 纽约巴特里公园城的一个公园，公共公园应该容易进出，没有犄角旮旯。这个简单的草坪就是一个多功能的空间。

2. 设计一个令人愉悦的小气候

公共开放空间有时是建筑设计的一个元素。几乎没有任何阳光的朝北的广场可能没有什么吸引力，甚至在温暖的气候下，也是这样。纽约市广场规定要求，广场尽可能朝南。风洞试验通常用来确定高层建筑的外墙状态，避免窗口脱落或产生其他结构性问题。同时，风洞测试能够了解对广场是否产生了任何不正常的风状态。建筑物的形状能够与一定方向的窗户相互作用，产生增强的气流横跨广场。这些局部产生的风足以把人推倒。

在寒冷的天气里，人们愿意坐在阳光下和避风处。而在炎热的天气里，人们寻找阴凉和刮着凉风的地方。适当的树木和喷水池能够在炎热的天气里创造出宁人愉悦的凉爽小气候；在比较很冷的季节里，朝南方向的墙壁前的椅子或长凳能够产生比较宜人的环境，因为这种墙壁储存热量，挡住凉风。雷斯顿市中心的喷水池产生了一种它特有的场所感（图 12.18）。巴特里公园城的海边艺术中心创造了从阴凉到阳光的多种小气候（图 12.19）。

图 12.18　雷斯顿市中心的这个喷水池吸引了人们坐下来，那里比较凉爽，能够看看喷泉，听听流水声。

图 12.19 巴特里公园城的海边艺术中心有几种不同的小气候，在晴朗的天气条件下，既有大树下的阴凉，也有明媚的阳光。

3. 有地方可坐

一个具有吸引力的空间必须能够坐下来，能够按照我们的愿望在那里漫步。坐一下的设施不一定是椅子或长凳。建筑物的凸缘或花坛，只要有 0.9 米，至少超过 0.3 米的宽度，高度适当，都是可以坐一下的地方。

怀特推荐独立的可移动的椅子，如法兰西公园（French Parks）花一点钱就能租赁到这类椅子，比起固定的长凳要好。这些活动的椅子能够按照人们的意愿组织起来，可以在阳光和阴影间作出选择,总之,按照人们自己的意愿,怎么舒适怎么安排。如果椅子是固定的,怀特建议,把这些椅子做的宽一些,这样,陌生人能够坐在椅子的两边,而不造成不舒适的感觉。

　　一个公共空间里有可移动的椅子意味着,必须有服务人员在场,出于其他一些考虑,有服务人员出现也是必要的:即使是设计的再好的公共空间,也需要有人整理和处理紧急事务。纽约的布赖恩特公园就在它的中央草坪、阳台,沿着步行小径,使用了可以移动的椅子(图 12.20)。

图 12.20 按照怀特的建议,纽约布赖恩特公园采用了可以移动的椅子。

4. 创造机会让人们可以看到其他人

公共空间具有吸引力的原则之一是，有机会看到其他人。坐的地方应该面对通行路径。研究发现，那些偏离人流的固定的椅子或长凳没有什么人使用，或盖尔所说的，以非传统的方式使用。他用一张照片描绘了他的观点，两位丹麦妇女反坐在长凳上，把腿从长凳的背上伸出来，正在看从路上走过的人们。

5. 提供食品

特许出售三明治、沙拉、软饮料和甜点之类的食品能够提高公共空间的氛围，也是保证有人观察广场上发生了什么的一种比较经济的办法。唯一存在的问题是，这种特许占用了公共空间，而干扰了那些不买食品或饮料的人们。

6. 提供良好的照明

那些给予公共广场某种区域规划优惠的城市应该允许广场在深夜或黎明前关闭一段时间。当然，照明对这类空间十分重要，要保证不要滥用了这类照明。从高灯或周边建筑物上投向广场的泛光灯光是有效的，但是，会产生一种监狱的气氛。虽然维护起来比较困难，但是，树木不要遮挡了灯光，灯光源于接近地面的灯箱内，来自适合于步行者高度的街灯，能够营造和谐氛围的灯源。

7. 鼓励周边的各种活动

设计城市广场的最重要的因素是，围绕广场发生些什么。纽约市有关广场的规定要求，广场上50%的建筑物临街面要用于零售，不包括银行、股票交易、航空公司办公室和旅游代理，只有做到这些，才会得到广场区域规划优惠。在这些规定出台之前，典型的纽约广场都属于一个办公大楼，这些都是很明智的要求。一幢办公楼第一层如果真有一些空间可以使用的话，可能是银行、股票交易所或旅游代理，这些活动适合了办公大楼的租赁者，但是，对活跃广场却没有什么作用，而餐馆、出售外卖食品的商店或书店则更能活跃广场。

扬·盖尔进一步指出，高层建筑尽可能不要直接与公共空间，甚至人行道直接相邻。他提出这种看法的理由是与保持建筑物以及活动适应于步行者尺度的原则相联系的。从第三层楼上的窗子里探头朝下看，能够认出下面的步行者。当然，大部分现代办公楼都是密封的建筑，甚至比较低的楼层，也是这样，当然，这正是盖尔所要说的。街道或广场是一个三维场所，最好的广场应该与二层或更高层的活动相联系。现在，购物中心就是以这种方式设计的，这样，如果我们在一层步行，我们能够看到三层的食品大厅。同样的道理，应该以低层建筑的积极利用为背景来设计零售商业街和广场，同样，按照这种传统关系，与较高建筑一道，设计零售商业街和广场。

在居住邻里，同样的原理意味着，设计住宅也要考虑到与街道和公共空间的联系。正如上面提到的那样，这个原理是"新城市主义"社区营造前廊和小前院的基础。

8. 设计可以步行的距离

按照怀特观点，人们在纽约里的步行距离大体在 5 个南北向的地块，约合 381 米或不到 1600 米。这种经验与购物中心开发商的经验不谋而合，购物中心开发商认为，主要商点如百货店之间的最大距离为 365 米。

怀特的观念与克拉伦斯·佩里在其著名文章"邻里单元"里的那张图一致，这张图显示，可以步行的区域大体在 804 米的直径范围内，也就是从中心点出发，不超过 5 分钟的步行距离。

这些都是应用于习惯开车或乘公交车的人们的现代数字。5 分钟临界值不是关于人的体力耐力的临界值，而是关于人们出现厌倦情绪的临界值，现代人感觉到他们需要有效地使用时间。按照怀特的观点，生活在公交发达环境条件下的纽约人，如果感觉到出行超出 5 分钟步行距离时，会开始考虑乘公交车、地铁或出租车。在一个比较典型的城市里，如果出去午餐的距离超出了步行距离的话，他们会考虑从车库里把车开出来，驱车去午餐。

9. 创造正确的步行环境

怀特发现，要想让人们步行 5 分钟，我们必须让人们有兴趣这样做。他还发现，沿着人行道的建筑物如果是一面绵延展开的空无一物的墙壁，这个人行道上的人流低下。同样，这种经历确认了购物中心业主的经验，购物中心的一个关键部分若聚集了若干关张的店铺，那么，购物者甚至不太愿意进入这个购物中心了。兴趣因素比起减缓步行者步行速度更重要。

如前所述，规划师和设计师常常认为，鼓励步行的最好办法是消除步行者与车辆之间的冲突，让步行者免遭气候的影响。这正是卡尔加里、明尼阿波利斯、圣保罗、夏洛特等许多城市建设天桥系统的背景理论，也是蒙特利尔、纽约洛克菲勒中心、达拉斯和休斯敦市中心建设地下通道的背景理论。怀特计算了天桥和通道里的步行人流，他发现，远离这类系统中心向更远的地方走，步行者的人数明显减少。不仅仅是因为这类系统没有克服 5 分钟的步行限度，而且，除非通道沿线有商店，否则，人们不会走那么远。

天桥或通道系统所提供的气候保护的确很有意义，蒙特利尔的冬天的确很冷，怀特的照相机甚至都冻上了，但是，怀特发现，圣凯瑟琳大街上的行人一点也不比附近玛丽广场地下通道里的行人少。

人车分离更有利于驱车者而不是步行者，因为步行者过街会减缓车速，地面上的步行者在交叉路口宁愿选择直线过街，而不情愿去保证他们安全的过街天桥或地下通道。

天桥或地下通道系统的效果是让步行者分流，分流以后的人数既不足以支撑街面上的零售，也不足以支撑天桥或地下通道里的零售。亚洲人口高密度城市可能是一个例外，那里有非常高密度多层次购物的传统，所以，除开亚洲人口高密度城市外，其他地区对步行者的保护水平就很重要了。

人们离开街道层次并非因为没有什么可买，而是因为那些街上太没有吸引力，而且看上去并非很安全。怀特的研究给他留下了这样的深刻印象，人们讲究步行效率，人们避免繁忙人行道上冲突的直觉素养。他也有些困惑，人们停下来聊天的地方一般是在街道的拐弯处，步行人流的中间。

纠正公共环境中的问题

铁路线和公路占据了许多城市的公共空间。这些考虑到短期利益的决定没有太在意公众的舒适或周边房地产的价值。现在，公共环境成为地区竞争优势的一个部分，有些错误正在得到纠正。

例如，莱奇米尔运河曾经在马萨诸塞州剑桥市的废弃工业场地中消失了，现在，它已经得以恢复一个公园，成为新的城市开发的关键部分（图 12.21）。

图 12.21 莱奇米尔运河已经恢复成为一个公园，成为马萨诸塞州剑桥市一个新的城市开发的关键部分。

在罗得岛的普罗维登斯，建筑师威廉·维纳组织了一项工作，重新开发一段经过市中心的河流。这段河流曾经完全被覆盖起来，建设了一条宽阔的大道。维纳的"河流公园"设计给这座城市创造了一个新的地标，在河边依然留下了足够的道路空间和横跨河流的桥梁。艺术家埃文斯在河流的中央设计了一套灯具，创造了"水火"，这项创意让这个公园更加充满了活力（图 12.22）。

普罗维登斯市中心的另外一大改造工程是迁移铁路轨道（由 SOM 规划设计），这些铁路轨道阻碍了城市的扩展（图 12.23，图 12.24）。河流公园（River Park）的扩展给这个新开发的

图 12.22 普罗维登斯河曾经完全被覆盖起来，建设了一条宽阔的大道，建筑师威廉·维纳重新设计了这段经过市中心的河流。艺术家埃文斯在河流的中央设计了一套灯具，创造了"水火"（Waterfire）。

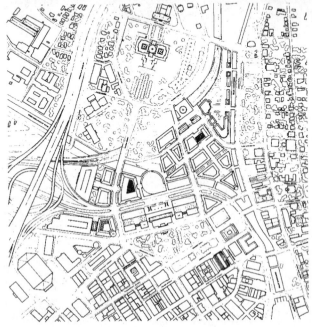

图 12.23，图 12.24 普罗维登斯中心城区的铁路轨道被迁出了中心商务区，给市中心增加了用地，纠正了当初让铁路线通过中心城区的错误。50M 编制了新火车站和城市设计规划。

城区营造了景观。新开发的这个地区已经建造了若干新的建筑，开发还在继续。

在辛辛那提，通过中心城区的公路让这个城市失去了滨河的景观。现在，这条公路的宽度被削减了，同时，把公路覆盖起来，使得中心城区的街道可以与滨水开发地区无缝隙地衔接起来，滨河开发地区包括了篮球场和足球场，替代了原先的多功能运动场。

在旧金山，充满争议的"滨海高速公路"项目曾经因为公众的反对而终止，现在，它的残余部分已经完全拆除，能够在市场街顶头的港口建筑前建设一个新的公共空间（图 12.25，图 12.26）。当然，最特别改造项目应该属波士顿菲茨杰拉德高架公路的拆除，它们用地下公路替代了这条高架公路，项目开支高达几十亿美元。

图 12.25，图 12.26 充满争议的"滨海高速公路"项目的残余部分已经完全拆除，能够在中心城区尽头的港口建筑前建设一个新的市政中心。

图 12.27　沿高速公路的景观隔声墙。许多郊区居住区都采用了这种隔声保护措施。内城地区也需要这类噪声隔离措施。

每一个地方的公路都给予它相邻的建筑带来了空气污染和噪声。适度有效地减少噪声的办法就是建设隔声墙，许多郊区居住区都采用了这种隔声保护措施（图12.27）。

设计公共建筑

直到第二次世界大战，人们在设计桥梁、邮局和法院这类建筑时，都认为它们是公共建筑，都要求追加一定数量的额外资金，来传达这些建筑的公共意义。第二次世界大战之后，作为建筑领域现代主义思潮的副产品，在设计公共建筑时，采用了实用的态度，尽可能节约公共资金，从而改变了过去那种对公共建筑的看法。直到20世纪90年代，美国一直保持着战时经济效率的意识形态中，因此，这类公共建筑资金的短缺，强化了现代主义思潮的实用态度。最近，人们更新了对公共建筑重要性的认识，更新了对和平时期优先选项的认识，把公共建筑带回到比较好的建筑这个方向上来，确立了投资公共艺术和使用最好建筑材料的合法性。即使美国正在致力于反恐战争，强化国家安全，对公共建筑的这种认识还是应该继续下去。

在欧洲，重要公共建筑的建筑师都是经过设计竞争而选择的。竞争减少了没有多大设计天赋却有政治关系的建筑师获得公共建筑设计项目；通过竞争获得项目，给那些充满聪慧却没有多大名气的设计师一次机会，去打败那些名声显赫的建筑师。竞争体制也有很大的缺陷：为了竞争公正，不鼓励竞争者和招标组织之间发生接触，所以，就迫使建筑师不去关注最终客户或使用者的反应，坚持自己的理念。在理论上讲，竞争的目标是选择建筑师，而非设计本身。然而，建筑师在原创理念上投入了大量的时间和资源。所以，现在选择的是设计，并把它公布出来；一旦设计师对问题有了比较好的认识，他们很难进行大规模变更，即使原创的设计理念并非最好的解决方案。然而，竞争本身就认定了公共建筑是城市重要元素，因为，公共资金偿付公共建筑的建设，所以，公共建筑应该是更为精心呵护和富有远见卓识的产品。

一个建筑的竞争选择过程是可以选择的：这个过程应该包括两个阶段，要求身份认定，要求提出项目建议书。任何一个人都能对身份认定作出反应，然后，筛选出几个人来制定项目建议书，邀请他们面谈。这个体制优先考虑那些成熟的企业，它们已经完成过类似的建筑项目。新企业也可能上这个筛选出来的名单，当然，它们具有关键的建筑工程组合。"美国总服务管理局的公共建筑服务办公室"最近编制了一个令人印象深刻的天才建筑师的记录，他们完成了优秀的建筑项目。他们提醒州、城市和城镇不应该在公共建筑上偷工减料。

私人建筑中的公共空间

购物中心如果不对公众开放，是没有意义的空间，除非它是私人所有的。越来越多的社区发现，他们最重要的公共空间是私人拥有的，问题确实涉及公共生活。人们是否有权对一个购物中心的标志提出某种意见？他们对公共街道或广场是拥有这种权利的。一个错综复杂的问题是：按照联邦宪法，他们没有这种权利，但是，如果州里的宪法允许，他们有这种权利。

示威？现在还没有确定，但是，业主有权阻止对他们私人空间所做的任何干扰。

纽约市已经通过区域规划，鼓励建设私人拥有的公共广场和室内公共空间。在曼哈顿，共有503个这样的私人拥有的公共空间。业主在建设这些公共空间时，得到建筑面积上的优惠，而得到优惠的条件是，对公众承担法律义务。在《私人拥有的公共空间》(Privately Owned Public Spaces) 一书中，哈佛大学规划教授和律师杰罗尔德·克登（Jerold Kayden）对这类私人拥有的公共空间进行了评估。有些业主很好地承担了他们的公共义务；而另外一些业主却有效地私有化了这些公共空间，或者不具有吸引力，没人愿意使用它们。在那些向公众开放的私人地产里，创造出适当的公共兴趣，是一个开发规则问题，我们在下一章里讨论这个问题，当然，凯登（Kayden）的书提醒我们，执行这些法律义务也是一个问题。

第13章　通过开发规则来改变城市

有许多影响建筑环境创造的重大力量，各类开发规则就在其列。几乎每一个美国城市、县和城镇都有一种把制造业分区、商业分区和居住分区分开的规范。这些区域规划规则还包含了建筑高度和退红方面的要求，决定性地影响着单体建筑的空间位置和外观。（土地）细分规则控制着街道的布局和绿色场地上的宅基地数量。许多其他法律影响着特殊空间位置上的开发。地标性建筑和历史区受到保护。在展开联邦资助的大型项目之前，必须进行环境评估，有些州本身也有相似要求。其他联邦法律还特别规定了可以在泄洪区里建设什么，如何在那里建设，在沿海规划分区中，能够建设什么还需要受到审查的约束。比较而言，控制空气污染和水污染的联邦法律，州里的增长管理法规，对开发的影响相对间接一些，但是，它们依然具有决定性的影响。

现在，我们所建设的项目基本上是我们编制的区域规划规则限制和规定的产物。如果我们不满意正在发生的事情，需要调整各类开发规范。

区域规划：功能分区，保护采光和空气

区域规划起源于19世纪末的德国和荷兰，目的是把进入城市地区的重工业与历史地区或居住区分离开来。纽约市1916年的区域规划旨在把工厂和高收入的街区分开，这是美国早期的和具有影响的一项法令；当然，纽约市区域规划的编制者们对于如何防止高层建筑太多地遮挡街道和邻里其他建筑物的阳光和气流，也有兴趣。巴黎早就有使用法律控制建筑物的高度和屋顶退红的先例，自18世纪以来，巴黎一直采用这种管理方式。这种巴黎制度把一个建筑物的高度与它所在街道的宽度联系起来，与建筑物限制高度之上屋顶斜面以规定角度后仰相关（图13.1）。

纽约市在宽阔街道上使用了同样的建筑制度，当然，是在比较大的装有电梯的建筑物的尺度上采用这种制度，当时纽约的制度规定，在大楼第11层的位置上做第一个退红，随后，按照想象的一组"天空暴露平面"，再做一系列追加的退红，与巴黎的屋顶线一样，这些退红

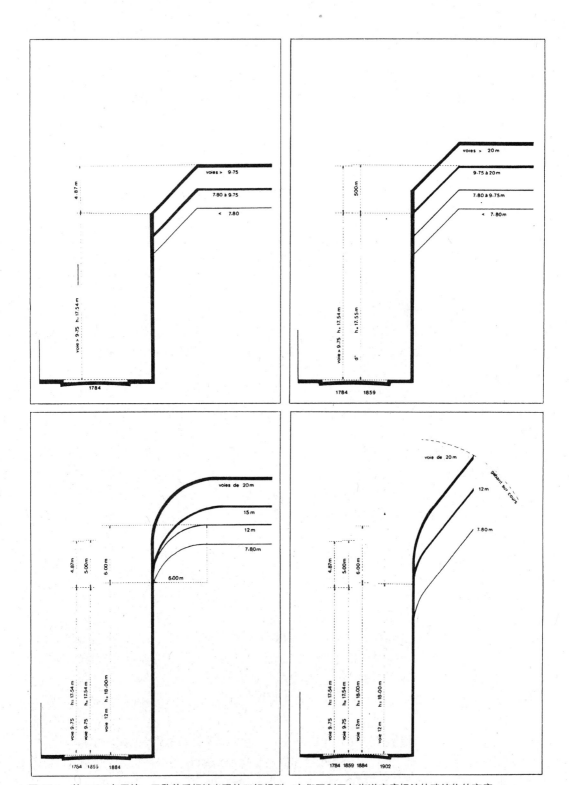

图 13.1　从 1784 年开始，巴黎前后相继出现的四组规则，它们限制了与街道宽度相关的建筑物的高度。

也是按照与街道规定的角度展开的。为了不让每一个建筑变成金字塔，当退红所减少的建筑面积不大于建筑用地面积的1/4时，大楼能够直线向上发展。帝国大厦的设计严格执行这种规范，相对于规模很大的地基而言，帝国大厦是一个细长的大楼。

美国许多其他城市都执行了类似的建筑高度和体量控制制度。建筑师开始对服从这些规则的设计产生了兴趣。如同休·费里斯（Hugh Ferris）的示意图那样（图13.2），建筑仿佛是在一个想象的模块上雕刻而成的。现在，我们认为摩天大楼是一种装饰艺术设计，实际上，它是区域规划对临街立面高度和退红实施控制的产物。

图13.2 这是休·费里斯著名系列建筑图之一，它显示了建筑形式如何遵循1916年纽约市区域规划规则而设计出来的。

区域规划规则和现代设计

建筑上的现代主义思潮否定了这些"装饰艺术"形式,而主张开放空间环绕的笔直的高楼。按照旧的区域规划规范,有可能建设笔直的大楼,而退红的要求却限制了大楼的建筑规模。SOM 设计的大通曼哈顿银行大楼,密斯·凡·德·罗在纽约市设计的著名的 Seagram 大楼,都是在 1916 年区域规划下,于 20 世纪 50 年代建设起来的。业主放弃了较低楼层的可能的空间面积,以便实现所期待的建筑形状,同时又满足区域规划规则。在这些建筑建造期间,纽约市正在研究如何修订 1916 年的区域规划法令,这些建筑的影响推进了从根本上改变这些区域规划规则的表达方式。

比较新的区域规划规则使用容积率作为指标,不再依靠高度和退红规则来控制建筑规模。容积率也许最好表述为一个乘数。如果建筑场地的面积是 920 平方米,容积率为 10,那么,允许的建筑面积是建筑场地面积的 10 倍,即 9200 平方米。

容积率旨在限制一个场地所容纳的人数,而不是限制建筑外形。没有人占用的面积,如机械设备占用的楼层、地下室、楼梯和电梯,都不计入楼层面积。即使车库大大增加了建筑规模,车库通常也不计入楼层面积。

纽约市密度最高的商务区选择的容积率是 15,当然,还有许多优惠政策可能提高容积率。帝国大厦的容积率高达 30,而按照现行的区域规划法令,不可能出现帝国大厦。

1965 年的纽约市区域规划法令,删除了相对建筑场地面积 25% 大楼建筑规模的限制,先是采用不超出建筑场地面积 40% 的大楼建筑规模,后来,进一步规定,在多种情况下,建筑规模几乎等于建筑场地面积。为了鼓励现代主义笔直大楼的设计方式,纽约市区域规划规则给予业主 20% 的建筑面积优惠,鼓励他们把大楼一层建成广场,这样,这种区域规划规则就提供了建设更多比较大的大通银行和 Seagram 大楼。2001 年 9 月 11 日摧毁的世界贸易中心双塔楼并不符合 1961 年的建筑面积法定限度,这个建筑的开发商是纽约州政府的官办公司,而州政府能够不执行地方的区域规划。这个场地是一个包括了附近若干街道在内的超级地块,所以,人们认为这个建筑是符合 1961 年的建筑面积法定限度的。

现代主义区域规划规则对城市的影响

像纽约一样,大部分城市都放弃了仅仅依靠高度和退红控制而建立起来的区域规划,而利用容积率来限制建筑规模。效仿纽约市,有些城市鼓励建设购物中心。当时,大楼与购物中心结合起来是一种时尚,适用于多种不受区域规划要求影响的情况。

这样,建筑师就不再是装饰按照区域规划预先确定的建筑外部形状,而是控制允许作出独立决策的整个办公大楼、酒店或公寓大楼的形式和设计。在这种情况下,有些建筑非常好,而另外一些并非很好。在大多数情况下,单体建筑的形象压倒了整个城市的形象。预计到的常常不明显的城市建筑之间的关系不存在了。天际线变得更具投机性,而街道立面分崩离析,不利于步行者。在居住小区,新的区域规划规则所允许的现代主义公寓大楼,干扰了住宅和旧的尺度不大的公寓之间建立起来的关系。

老式的体量控制区域规划在使用上是相对宽松的。工业区常常是没有限制的分区，允许建设可以步行到工厂去的住宅。商业区则允许广泛梯度的各类活动。现代区域规划规则对不同类型产业之间做出了比较清晰地划分，把工业与其他使用分割开来。现代区域规划规则还为不同类型的商业活动规定了不同的分区，创造了大量以宅基地规模和允许建造住宅单元数目为基础的居住区。

这些变更的确有助于贫民窟和工厂周围地区摆脱那里所面临的交通拥堵和污染，但是，按照这种现代主义的区域规划规则，通常不会再有那种人们所希望的混合使用的城市传统，在传统城市中，我们能够步行去上班，办公楼下有商店，街上有剧场、酒店，然后，在一个拐角处，进入居住街区。

对现代主义区域规划作出调整

1965 年，纽约市实施了现代主义的区域规划，但是，这个区域规划规则的弱点很快就显现出来了：这个区域规划规则对土地使用的期望是简单的，这项法令所鼓励的新的分离的大楼不能很好地与现存的城市协调起来。20 世纪 60 年代后期，纽约已经开始对这个区域规划规则作出修订，以保护剧场区的剧场和第五大道的商店。随着时间的推移，纽约市修订了有关大楼一层建设购物中心的区域规划奖励制度，要求不仅要达到所要求的开放空间面积，还要设置椅子、照明、景观以及适当的朝向。

当若干购物中心阻断了街道临街立面的延续性后，延续的街道临街立面的重要性明显起来，尤其对于那些一层有商店的地方，更是如此，所以，纽约市最终要求维持这种"街墙"，即至少要很大比例的建筑，沿着地界线，开发强大的临街零售商业。其他的区域规划措施，按照与周围建筑环境的关系，对新建筑的高度作出限制。

20 世纪 60 年代，旧金山曾经编制过一个区域规划，类似纽约 1965 年区域法令的文件，与纽约一样，旧金山也对这个区域规划进行修订，以控制建筑的高度和空间位置。不同于纽约市和旧金山市的区域规划，许多其他城市的区域规划规范，对房地产市场并没有多么大的限制性。许多城市都欢迎新的大型建筑，区域规划对建设什么的影响甚微。当然，纽约或芝加哥风格的建筑成为一种模式：由购物中心衬托起来的高楼。

华盛顿哥伦比亚特区，一个反例

因为华盛顿哥伦比亚特区的民众抵制建设高层公寓，所以，华盛顿哥伦比亚特区在 1894 年就开始实施建筑高度限制，那个时期恰逢装有电梯的建筑出现。这项法令把公寓建筑的高度限制在 27 米，办公楼的高度限制在 33 米。1898 年和 1910 年，国会以法律形式确认了这个地方法律。以后虽然出现过一些对市中心地区办公建筑高度做了一点微升，可是，对建筑高度的限制始终都在执行中。

高度限制，朗方（L'Enfant）里程碑式的街道规划，加上使得华盛顿中心成为一个非常都市化地方的优秀的快速轻轨系统，使得华盛顿哥伦比亚特区不同于美国其他城市。朗方的街道规划是巴黎后期实施的诸种设计的先导。由于对任何一个地产上可能建设的限制，华盛顿哥伦比亚特区的市中心比其他美国城市更为蔓延的方式发展，其他美国城市里一幢40层楼高的建筑，能够吸收掉好几年的可能增长。在华盛顿的高度限制条件下，开发商希望尽可能地填充更多的建筑，所以，建设通常直接从临街的建筑红线开始，没有退红。统一的高度和沿着街道排开的临街立面结合在一起，产生了一个连贯和宏伟的大道，类似巴黎。单体建筑的建筑师的创意受到限制，在大部分情况下，房地产经济和规划法规的相互作用已经确定了建筑形状的表达，当然，在这个过程中，也出现了一些非常成功的建筑。较之于街道的整体效果，那些糟糕的建筑，甚至非常糟糕的建筑，也显现不出对街道有多么大的伤害（图13.3）。

华盛顿哥伦比亚特区还发展了一套强有力的历史保护法规，允许一些旧的商业建筑得以更新和扩大，而不是拆除掉。有时，华盛顿的保护仅仅是历史性建筑的立面保护，或者历史建筑的前部的建筑结构的保护。历史保护主义者认为，这种保护不是真正意义上的历史保护，但是，这种方式的确维护了沿街的多样性和变化。

华盛顿哥伦比亚特区优秀的都市轻轨系统，通过减少停车场需求，维护了一个凝聚的环境。这种规划制度并没有给每一个企业家创造一个宽松的环境，然而，每一个企业家遵循相同的运行规则，要求就在那里，所以，这种规划制度运行良好。

美国城市曼哈顿式的天际线能够产生壮观的影像，然而，那些楼宇之间的实际开发是稀疏的和没有联系的。如果大部分城市真的在它们的中心地区采用华盛顿式的开发规范，通过使用高度限制，仅仅允许在一些特定场地建设高层建筑，从而限制新增开发的规模，那么，大部分城市一定比现在要更好一些。

引起蔓延的郊区区域规划和（土地）细分规则

郊区的开发规则与城市地区开发规则的影响是一样的。我们能够在地方区域规划和（土地）细分规则中，找到大量导致城市蔓延的原因。正如我们在前面的章节里所提到的那样，沿公路无尽头的商业开发带，都遵循了区域规划，大片的郊区住宅也是这样，在相同尺寸宅基地上建造的住宅，都具有相同的规模。郊区开发时，通过建立街道的最大等级，（土地）细分规则通常成为巨大地貌改变的原因。

这些问题源于目前郊区区域规划和（土地）细分规则的两个基本缺陷：区域规划和（土地）细分规则把土地当作商品来对待，而不是把土地看成一个生态系统；区域规划和（土地）细分规则是在保护街区免受消极的影响，但是。没有给整个社区创造一个积极的模式。

开发规则如何没有承认环境因素

我们在序言中描绘了怀尔德伍德的经验，日常的区域规划和（土地）细分决策能够对环境造成负面的影响。

很大程度影响城市、城镇和郊区的区域规划和（土地）细分规则，把土地分配给不同的使用者，把土地划分成为一个个地块，而没有把土地看成一个活生生的自然系统。随着越来

图 13.3　华盛顿的高度规则协调了沿西北 K 大街的这些建筑。单体建筑的建筑设计有时并非很好，但是，它们却和谐地形成了一个整体。

越多的土地城市化，这些区域规划和（土地）细分规则正在对自然景观造成很大的损害，它们与其他用来保护空气和水质、湿地和沿海地区的法律要求发生冲突。

只要我们关注决定土地使用和开发强度的区域规划法律，景观可能就是一个"大富豪"棋盘或台球桌。在我们计算究竟允许把一个给定场地上划分成多少地块、允许建设多少住宅时，实际上，这个台球桌是指理论上的理想景观。

这种（土地）细分法令，设定街道布局的规则，设定把大片土地划分成为一个个地块的规则，这种（土地）细分法令通过规定街道的最大坡度，识别出土地的等高线。如果一个居住区的所有街道没有大于5%的坡度，那么，这个场地按照传统的街道体系划分，那么，开发商可能进行土地平整，把较高地点的土推到较低的地点去，这样，所有的地块与街道都有大致相同的坡度，完成这类土地平整工程，势必要清除掉所有的树木和其他植被。完成这类土地平整工程还意味着开挖所有的表层土壤，用涵洞渠道取代场地里的任何一个径流。

规划的单元开发

20世纪60年代，人们已经认识到，与平坦地形地区相比，在任何一种地形复杂的地区，应用传统区域规划和（土地）细分规则产生的问题要复杂一些。为了解决地形复杂地区的问题，人们提出了一种称为"规划的单元开发"的变更程序，现在，大部分社区都把这种"规划的单元开发"加入到它们的区域规划规则中。正如"规划的单元开发"这个名称所表达的那样，把街道、建筑地块和建筑结合起来，按照一个规划单元来做规划，否则不予批准；这样，街道和建筑地块的场地规划就成为这块地产的区域规划和（土地）细分规则。这种程序有时也叫"簇团区域规划"，人们把按照整个场地面积批准的住宅数，集中到这个场地中可以用于开发建设的那个部分上，而保留这个场地中对环境变更敏感的其他部分，不去干扰。

允许簇团开发，作出这种地方区域规划变更，是有意义的，但是，这些变更本身并不能解决郊区开发所带来的问题。规划单元服从地产界线，但是，这些地产界线很少与如流域之类的自然边界相关，所以，对保护环境具有某种优势的场地规划，可能对更大规模的环境来讲，没有什么实际意义。

真正的住宅簇团意味着，若干小宅基地上形成一个建筑组团，有些住宅可能共享公共墙。许多建筑商不希望建设这样的住宅，因为，在他们看来，共享公共墙的住宅与独立住宅属于不同的市场，许多地方政府也不希望批准这类住宅的建设。

另外一个问题是，用来为每一个单体建筑服务的街道规划，可能对地方景观比较敏感，但是，不太可能成为整个交通体系的一个部分。地方街道之间缺少联系导致那些具有联系的街道承受更大的车流量，从而导致郊区交通更为拥堵，有更多的迂回绕行。许多规划师已经关注到了规划单元开发的这类特殊问题，如杜安尼等新城市主义规划师，他们认为，规划单元开发是不良郊区设计的原因。当然，杜安尼最著名的项目，"海滨"本身就是一个规划的单元开发。否则，按照佛罗里达州沃尔顿县的区域规划规范，"海滨"不可能建设起来。规划的单元开发是一种程序，人们能够这样或那样使用它，结果既有好的，也有坏的。

在任何一种情况下，地方政府已经发现，在（土地）细分规则法令中，减少宅基地规模比起改变街道坡度的要求要容易得多。所以，规划单元开发中的坡度常常与常规居住区没有什么不同。

实践中的最大问题是对区域生态系统的累积影响。乔木和灌木能够储备雨水，当我们清除掉它们，横跨大地的水流加速。在长期过程中，大地等高已经达到了某种平衡，一旦打破这种平衡，在强有力的水流冲击作用下，会发生迅速的土壤侵蚀。

一个单独的居住区或规划的单元开发，可能有一个内在一致的坡度系统，但是，这个单独的居住区或规划单元开发与周边环境的关系如何呢？是否已经考虑到了这种类关系呢？如果没有考虑到了这种类关系，在这个规划单元的边界处，可能有悬崖或沟壑，两者均是不稳定的，易受侵蚀的。如果还考虑到相邻的地产，径流加速的问题可能倍增。

许多地方正在发现，过去百年一遇甚至五百年一遇的洪水，现在频繁出现。

环境区域规划和（土地）细分规则

如果一块土地的承载力不能支撑允许的开发量，为什么不应该减少这种允许的开发量呢？如第五章所述，L·肯迪格（Lane Kendig）在他的 1980 年出版的著作《绩效区域规划》（Performance Zoning）中提出了这个问题。计算一个给定场地上分出多少个地块，建设多少住宅，肯迪格质疑区域规划的这种权利。如果 100 英亩的地块仅有 70 英亩的土地可以用于建设，为什么不应该拿 70 英亩作为基数来计算允许的开发量呢？为什么在不能开发的土地上创造出一种开发权，然后把这个开发权转移到能够开发的土地上，导致比这个地区区域规划要高的开发密度呢？

这些问题都是很好的问题。在大多数区域规划法令中，用于开发的土地面积是计算允许开发多少建筑的基础。肯迪格提出的问题是，对地方区域规划作出一个简单调整，不考虑那些用于计算目的的土地面积，因为其中包括了对环境损害敏感的那一部分土地。水下的土地 100% 不在计算土地面积中，超出一定坡度的山坡土地的 85% 不在计算土地面积中，坡度越小，不在计算土地面积中的土地面积的百分比就越小，如此类推。地方当局不需要去划定这些地区。通过一张 0.6 米的等高线图，我们就能够识别出区域规划法令中列举出来的任何特殊类型的土地，开发商在提交开发申请时，一并提交这张等高线图。

通过减少侵蚀和洪水，这种环境区域规划程序明显地保护了公共安全、公共健康和公共福利。环境区域规划并不复杂，其基础是客观的，能够用于任何一种开发。换句话说，环境区域规划能够满足区域规划的合法性。地方社区能够在不改变区域规划法令的情况下，采用环境区域规划。地方社区能够通过使用环境区域规划，与规划的单元开发相配合，加上在（土地）细分规则中增加的环境保护条款，经过长期的努力，保护环境，避免未来开发的消极后果。

地方开发规范控制着土地使用规划的专门条款，当（土地）细分规则是地方开发规则的一部分时，增加环境条款能够让地方开发规则更有效地保护地方生态。（土地）细分规范能够专门提出，不应该对自然排水通道和山坡作出重大改变，要求开发商说明，建筑物如何将会避开凹陷地区、原先的滑坡场地或任何一个泄洪区和湿地。这样，能够限制开发那些容易受到侵蚀的土地或地形决定容易受到侵蚀的地方。

另外，还有关于水保持的要求，这类场地开发后，流经场地的水不应该快于开发前。如果这个目标不能通过保护自然地貌而得到实现的话，有可能通过渠道把径流引入到发挥水保持功能的水坑中去。

把这类专项要求写入（土地）细分规则中，让规划的开发单元不易摒弃这些要求，反之，为了满足这些要求，又不减少允许的开发密度，可能要求规划的单元开发。

土地平整和砍树法令

为了防止开发商在申请区域规划和（土地）细分规则批准前，去改变某一地产的地形地貌，我们能够做些什么呢？除非一个社区有法律规定，否则，土地平整和砍除树木，都需要经过批准，如果不是这样，我们阻止不了开发商去改变某一地产的地形地貌。一般对清理树木的规定是，直径大于15—20厘米的树干需要在清除前提出申请。这类法规的关键点是，要求开发商按照已经批准的开发规划平整土地和清除树木。当然，应该另外考虑，农场主和独立房产主进行一些小规模树木清理和土地平整工作。

这种规则能够对每个社区执行环境保护条款有所帮助，但是，仅仅依靠这种规则本身是不够的，因为它可能让开发更为稀疏，从而使蔓延更为糟糕。所以，环境保护条款需要有其他区域规划规则条款相配合，鼓励传统小区开发和紧凑型商务中心开发。

传统邻里开发和邻里区域规划

的确有可能把居住区域规划变成一种积极的模式，而不只是一种让业主免受负面影响的方式。一种称为"邻里区域规划"的概念能够创造这种积极的模式，实现规划单元开发所不具有的灵活性。

正如我在第六章中所提到的那样，通过宅基地规模的大小来划定居住区，常常使得邻里规划困难重重，或根本不可能做邻里规划。使用区域规划来划分出宅基地规模，并非一种有关如何改善生活条件的理论，而是一种蛮干，一旦我们认识到这一点，我们很容易提出一些其他的选择。杜安尼和普莱特－齐贝克提出，把不同的类型的住宅与不同类型的宅基地规模联系起来，然后，通过类似的规则，把每一种住宅类型与其他类型的住宅协调起来，如让它们都有相同的宅前退红线。杜安尼和普莱特－齐贝克进一步提出，让一个街区的宅基地规模是彼此的倍数。如果我们要建设一幢独立成排住宅，我们就买25英尺的宅基地。如果我们希望建设一个侧院，"查尔斯顿风格"，那么，我们就买2块25英尺的宅基地。如果我们要建设一个小的独立住宅，那么，我们需要买3块25英尺的宅基地，而当我们要建设一个大的独立住宅，那么，我们需要买4块25英尺的宅基地。

杜安尼和普莱特－齐贝克详细说明了，把宅基地规模与住宅类型联系起来编制出规划规范的原理，他们已经把这个原理应用到许多他们设计的邻里里。虽然这些规则并非字面上的区域规划，如海滨法则（Seaside Code），但是，它们能够作为规划的单元开发的一个部分而得到批准。当这种规划的社区最初是在一个业主名下时，这个规范通过包括每一幢建筑朝内的销售协议而得到实施。

　　当然,杜安尼和普莱特－齐贝克还草拟了一份他们这种规则的一般版本,把区域规划和(土地)细分规则的元素结合起来, 称为 "传统邻里开发法令" 或 "TND"。图 13.4 对比了传统邻里概念与流行的分离的(土地)细分规则,试图说明杜安尼和普莱特－齐贝克的观念的优越性。如同(土地)细分规则, "传统邻里开发法令" 涉及道路布局、道路宽度、地块规模和对开放空间的要求等。如同区域规划, "传统邻里开发法令" 指定了不同建筑规模和不同活动混合的位置。许多行政辖区已经采用了 "传统邻里开发法令"。"传统邻里开发法令" 成为流行区域规划的一个替代方案,想规划的单元开发那样,是一种选择,当然, "传统邻里开发法令" 涉及许多需要批准的规则。

传统邻里

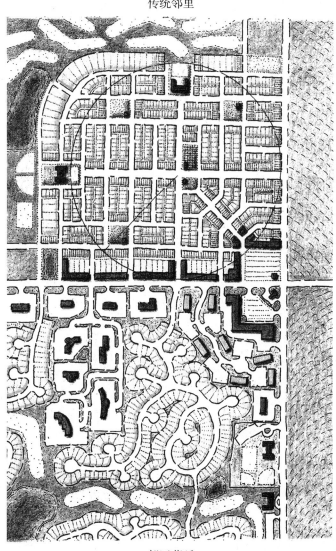

图 13.4　杜安尼和普莱特－齐贝克绘制的一张草图,把传统邻里设计与流行的郊区开发模式进行比较。

郊区蔓延

提议：邻里的分区

邻里的分区（N分区）将是一个混合了多种宅基地规模的居住区，用于一个给定地区内的所有房地产。社区依然能够限制一个居住区的整体密度。例如，一个N4的区，平均密度为每英亩4个住宅单元。但是，在这N4区内，房地产可能具有多种规模，而不仅仅是流行的R4区域规划中的1/4英亩一幢住宅一种方式。为了让多样性产生意义，一个区的整个规模必须覆盖整个邻里。正如第六章所说，如果步行距离决定一个邻里的规模，那么，它的规模大体在160英亩。这个邻里能够包括联排住宅、公寓、小型住宅、大型住宅、甚至庄园式住宅。为了对所有业主公正，这个分区的规划区还必须有整个区的规划，确保所有的业主有权按照较低的底线来建设。一旦建筑单元结合起来，加上得到批准的最低底线的单元的总数能够达到640，这就是N4区的最大批准数目，完成邻里规划。

这个N区域规划能够用于现存的邻里，替代不同的居住区的典型的人拼凑。整体密度指标决定未来允许开发的程度，如大宅基地的（土地）细分规范。一旦邻里达到这个规定密度，就将开始建设。

这个结果是所有区域规划的典型结果。现在，建筑管理部门使用计算机保留必要的记录已经很容易了。这种假设的N区域规划与流行的R区域规划之间的差别是，大大小小的宅基地可以和谐并存。比较大的地产不一定要全部分为最小的允许的宅基地规模，而流行的区域规划可能要求这样做。

街道规划

能够规划街道，是地方政府最老的和最受争议的权利之一。但是，自从第二次世界大战以来，直到地产业主的（土地）细分规则得到批准，再做地方街道规划，已经成为一种习惯。（土地）细分规则控制了把较大地块划分成为一条条街道和地块的方式，以满足区域规划规定。（土地）细分规则包括了地方政府可以接受的街道绩效标准和街道规模，然而，实际的布局留给申请人雇用的规划师和工程师去做，而他们的工作受到审查和批准的约束。

如果一个业主按照"规划的单元开发"或"传统邻里开发法令"提交申请，这个习惯做法是有意义的，街道和建筑能够一起规划。然而，把街道留给每一个业主不可避免地使得每一个开发失去联系。地方政府仅仅规划主要道路时，所有的地块都与这些主要道路相联系，大部分出行均利用这些主要道路。比较老的城镇都有比较完善的街道网络，所以，交通是分布开来的，任何一条街道上的压力都能够减少，当然，人们可能抱怨车辆抄近路通过了他们的邻里。

当怀尔德伍德把杜安尼和普莱特－齐贝克留下来编制他们城镇中心的详细规划时，他们的第一步是编制整个规划区的街道规划，然而，土地是在不同业主之间进行划分的。而城镇中心规划中的大部分后继决定均起源与这个最初的街道规划阶段。

如果开发规范是开发的一个积极的模式的话，社区需要承担起设计街道网络的责任。为了有效地做到这一点，需要了解地形地貌，这也需要预见未来的土地使用状况和密度。

专项规划或特区

重新把商业走廊设计成为坐落在交叉路口的一系列混合使用分区，我在第 9 章中所描述的这种战略，通常要求在地方开发规范中增加专门条款。加利福尼亚州有一个已经建立起来的程序，称为"专项规划"（Specific Plan），即仅为实现这样或那样一个目的而编制的规划。专项规划能够与规划的单元开发相比较，但是，专项规划用于一个在不同业主间进行划分的地区。不同于"城市更新规划"，专项规划也对多个业主产生影响，对专项规划来讲，不需要研究破旧状况。地方政府能够提出一个专项规划，包括街道、场地规划、建筑的位置和规模；一旦通过，它就成为这个地区的区域规划，对所有的业主均有约束力。俄勒冈和亚利桑那州已经通过法律，允许制订这种专项规划。

其他一些州，也有可能这样做，但是，需要更多的阶段。一个社区能够通过它本身的一个特殊商务地区的总体规划。这个总体规划能够包括一个街道规划和一个区域规划。区域规划通常是这个总体规划的执行机制，所以，总体规划覆盖的区域内，能够对现存区域规划的区作出变更，以反映总体规划的目标。如果在目前实施的规范中，不存在恰当种类的区域规划的区，那么，能够建立新的区域规划的区。

另外，地方政府等够实施一种区域规划意义上的专门区，它与用于这个地区的总体规划重叠。特殊的区域规划意义上的区，能够包括控制建筑的位置的建筑红线和退红线等条款。因为这些条款是区域规划的一个部分，这些重叠的区必然比规划的单元开发或专项规划要抽象一些，但是，如果编制得当，它们能够实现类似的目标。

当然，批准这种规划的主要障碍是，房地产业主是否赞同。专项规划或总体规划和区域规划叠加能够驳回业主的诉求，但是，决策也在政治上变得更为困难，房地产业主反对的声音也越大。如果专项规划或新的区域规划比起以前增加了批准的开发数量，有助于这种规划得到批准。也有必要附加一些奖励，让房地产业主同意这种规划。在建设街道和公共设施上，在处理停车和雨水管理上，地方政府能够提供帮助。当这种规划有可能增加未来的税收收入，这些税收收入新增部分能够留下来，以偿付街道和公共设施的建设费用。这种战术即是大家都知道的税收增量财政。如果社区有使用这些税收增量的愿望，这类积极的地方规划方式是可以使用的。

专项区域规划比专项规划更一般和更抽象，但是，能够用来推动特定地区的特殊设计特征。在实施专项区域规划方面，纽约市时代广场是个很好案例。从历史上讲，时代广场是大型电子广告的中心："大白路"。当这个地区建设起新的公司办公大楼时，"市政艺术协会"和其他市民团体开始关切，时代广场的特征将会荡然无存。因此，纽约市政府实施了一项法令，在较低楼层的建筑立面上，划定最小电子广告面积。当开发商发现这个广告面积能够获得可观收入后，放弃了开始的抵制。这些建筑采用巧妙的办法，让电子广告背后的窗户也能看到街面。通过这个区域规划，这个地区的特征重新得以恢复。百老汇和时代广场上的照明亮度比以前更大了（图 13.5）。

图 13.5 通过区域规划修正了纽约市时代广场建筑上的广告标志。这个广告比起这个建筑本身还要著名得多。

断面和精明规范

杜安尼正在努力重新思考全部的开发规则，而不是试图修改区域规划和（土地）细分规则法律和实践，实际上，这些都是多年积累起来的产物。他将其规范看作一个社区采用的规则的另外一种选择，他把这个规范称为"精明规范"（Smart Code），意味着这个规范倡导"精明增长"，精明的社区和开发商会去使用它。

这个组织开发的原理表达为一个建筑密度梯度，杜安尼称之为"断面"，或另外一个术语横截面（cross-section），与景观规划师绘制的断面图类似，例如，通过近海沙湾，近海沙湾有一个从大海到沙滩的演替，第一个沙丘，沙丘背后的第二个沙丘，沙丘背后，海湾岸边，海湾。

杜安尼的断面演替是，从乡村保护地，到乡村保留地，郊区、一般城区、城市中心，城市核心。它还保留了另外一类，特区（图 13.6）。

这张断面图表现出与"峡谷断面"（Valley Section）的关系，规划先驱，生态学家和地理学家帕特里克·格迪斯在 20 世纪初绘制了峡谷断面图，反映他的家乡苏格兰的设想的区域。峡谷断面图是城市规划学和城市地理学历史上的一个里程碑，它描绘了资源获取活动的梯度，从农业、渔村，最后到城镇，利用乡村所发生的活动组成城镇。

格迪斯观察到的苏格兰历史聚居点之间的关系有着悠久的历史，长期以来都是比较简单的。现代交通和通信的发展允许城市活动几乎能够在任何地方展开，现在，没有谁再用格迪斯的这种断面图来描绘区域地理了。杜安尼同意，大都市区不再表现为从乡村到中心地的一种梯度，他解释说，他的断面图上的分类能够出现在一个区域的不同关系下。显然，杜安尼的断面图是，用来反映街道、公园和郊区或城市中心这些特殊类型开发中的建筑的背景和关系的一种工具，而不是按照从城市中心到乡村的梯度去绘制所有土地使用的一种建议。

"精明规范"把杜安尼比较早些时候提出的目标结合到一起，包括把建筑类型与宅基地规模联系起来的规范，传统街区的原则。大部分开发规范都是说，我们不能做什么，以间接的方式描述应该发生什么。"精明规范"是重新思考所有开发规范的一种成果。它有可能成为一种重要的理论进步，当然，目前还在发展中。

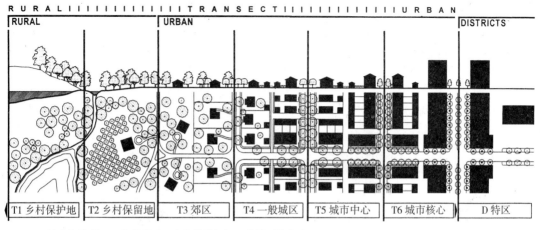

图 13.6 杜安尼的断面，一种通过尺度和背景组织开发规则的方式。

历史保护区和设计审查

历史保护区是最早用来控制开发的形式之一，它具有特殊的设计元素。1931 年，南卡罗来纳州查尔斯顿就确定了它的"旧的和历史保护区"（The Old and Historic District），1937 年，新奥尔良的"福克卡雷"成为历史保护区，1946 年，弗吉尼亚州亚历山大确定了自己的历史保护区，1955 年，波士顿的比肯山就被保护起来。所有这些地方，现存的建筑结构被维护起来，新的建设需要通过审查，以保证新设计与那里的历史建筑环境相协调。

1966 年的"联邦历史保护法"包括了建立地方历史保护区和保护单体建筑的指南。这个法律也建立起了"国家历史保护场所登记"制度。"国家登记"名单影响到是否有资格获得税务补贴，能否通过联邦基金来保护建筑和地区，但是，真正的保护和审查任务是，由地方政府来确定标志性建筑物和历史保护区。

在历史保护区，有两个基本的设计问题。首先，必须采取适当的方式去处理现存的建筑：采用什么粉刷色彩是适当的，如何替换结构性损坏了的部分，如何处理不同时期的积淀？其次，涉及如何在历史保护区内实施填充式开发。一个新的建筑应该仿照旧建筑的外观吗？如果不这样做，什么是适当地建筑表达？

"查尔斯顿建筑审查委员会"逐一处理"旧的和历史保护区"中的大部分开发项目，已经建立起来了一系列先例。楠塔基特市则采用了综合性设计指南的方式实施对历史保护区的建设项目的管理。指南不可能预见到所有的问题，指南的优势在于事先阐明重要的问题，在正式审查开始前，阐明金融的和设计的决策。

设计审查和设计指南

许多年以来，法庭一直掌握着历史保护区和历史保护区审查程序，因为这些审查标准都是建立在众所周知的一般原则上，这些原则适用于一个地区的所有房地产。历史保护区之外的设计生产具有某种不同的基础。

1. 作为所有权条件的设计审查

在一个城市更新地区，当一个公共部门收集房地产，把它出售给私人投资者，设计条件能够成为这个房地产转手的一个部分。销售合同要求开发商执行其中的条件；这个公共部门能够对计划开发的方案进行审查，确认这个开发计划满足了销售协议规定的条件。纽约巴特里公园城的设计指南就是建立在转手要求的基础上的。我们购买这类房地产时，就同时购买了这类指南。在巴特里公园城南端大街的照片中，我们能够看到，这类设计指南包括办公建筑和居住建筑的设计中都能看到的退红和外观。这个指南中还包括了对办公大楼立面的要求，从基本的砖石结构到玻璃（图 13.7）。

许多规划社区的设计规范都具有类似的功能，是私人转手中的一个部分。当我们购买"庆典"（Celebration）或"锡赛德"（Seaside）这类居住区里的住宅，我们同时购买了它们的要求。业主保留审查规划的权利，确认他们不与这些规范发生冲突。

图 13.7　巴特里公园城南端大街。设计指南用来把高层建筑与较低的建筑物联系起来。公寓楼和办公楼共用退红红线。这张照片的右上方建筑就是已经摧毁掉的世界贸易中心大厦。

在一个历史保护区中，这种指南和审查能够十分详尽，从建筑材料或屋顶坡度，到任何建筑的整体规模和形状。这种规范没有宪法上的问题，但是，规范制定部门和销售商之间会有冲突，销售商所要的是交易，而规范制定部门所寻求的是保护最初设计的完整性。

2. 作为公共行动条件的设计审查

辛辛那提"城市设计审查委员会"就市中心任何重大项目，给城市管理者提供咨询意见，要求酌情批准，或采取任何种类的城市行动，或提供帮助以支持项目的开展。这个"城市设计审查委员会"比起大部分审查委员会，更大限度参与到设计过程中。西雅图最近的设计审查法律授予审查委员会一些区域规划上诉委员会的权利。设计审查过程能够产生一些违背区域规划的例外，准许适当的设计，而不是执意造成困难，这种目标是上诉委员会同意例外的基础。

前奥斯丁机场"重新使用规划"中包括了设计指南，告诉机场土地可能的购买者，期待他们在开发时做什么。除开街道和土地使用功能外，这些指南提出了有关总体设计基本元素的指导性意见，留下很多细节，让单体建筑的设计师去完成（图 13.8~ 图 13.11）。

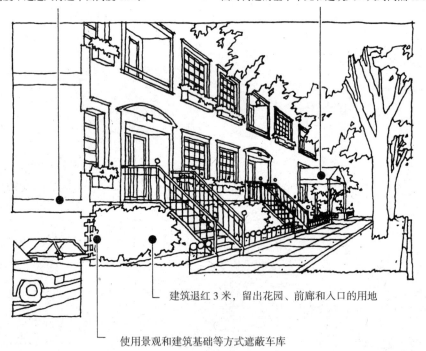

居住平面高度不超过人行道平面高度 1.5 米

面对街道的基本单元和建筑入口大约间隔 15 米

建筑退红 3 米，留出花园、前廊和入口的用地

使用景观和建筑基础等方式遮蔽车库

图 13.8　这里和之前的 4 张图是 ROMA 设计集团在重新开发和再利用前奥斯丁民用机场时提出的设计指南的 4 个例子。这里是沿居住区街道的建筑指南。

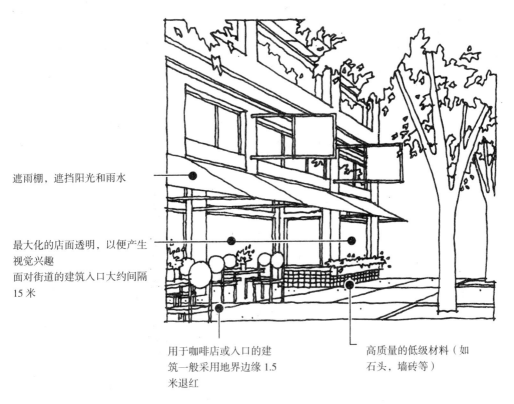

遮雨棚，遮挡阳光和雨水

最大化的店面透明，以便产生
视觉兴趣

面对街道的建筑入口大约间隔
15 米

用于咖啡店或入口的建
筑一般采用地界边缘 1.5
米退红

高质量的低级材料（如
石头，墙砖等）

图 13.9　具有临街商业设施的指南。

3. 作为总体要求的设计审查

　　在总体意义上的设计审查中，公共利益源于国家的"治安权"：国家把它的"治安权"委托给地方政府，地方政府保障公共安全、公共卫生和一般的福利。审查标准越客观和越具有应用性，那么，在法庭面对挑战时，越有可能延续这个审查过程。

　　弗吉尼亚州诺福克市的区域规划法则规定，市中心的所有开发均受"市中心开发证书"的约束。这个区域规划规范列举了判断一个开发建议的标准，设计审查委员会和规划委员会在这个审查过程开始时，采用应用与每一个项目的专项指南。这样做旨在确保申请人在设计和建立预算上的承诺之前就了解审查标准。

　　克里夫兰使用了一系列图示的设计指南控制它的中心城区，这些图示指南是设计审查委员会和规划委员会的工作基础。这些指南不是区域规划的组成部分，而是对这座城市的期待作出详细的解释，让开发商完全承诺一种特定设计之前就了解这些要求。克里夫兰指南以能够成为区域规划规范的抽象语言来表达，使用退红或建筑红线、高度限制之类的图示。用星号在图上标志出鼓励例外建筑的位置。

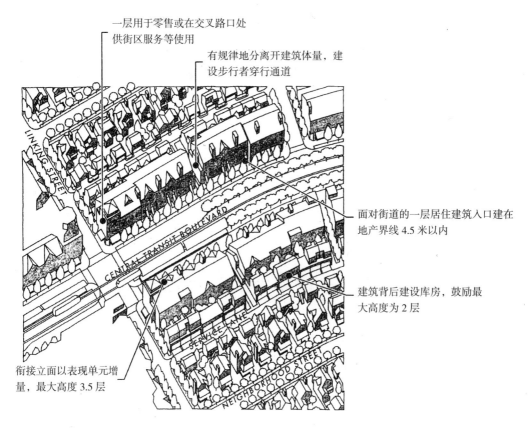

一层用于零售或在交叉路口处
供街区服务等使用

有规律地分离开建筑体量，建
设步行者穿行通道

面对街道的一层居住建筑入口建在
地产界线 4.5 米以内

建筑背后建设库房，鼓励最
大高度为 2 层

衔接立面以表现单元增
量，最大高度 3.5 层

图 13.10　沿中央轻轨大街的指南

　　许多其他城市都有设计审查委员会或设计审查董事会，他们依据特殊地区的规划，特定
法令的要求，甚至与社区现有特征的一致性，来审查项目建议书。一般来讲，这些委员会中
有一部分成员是设计专业人士。几乎所有委员会都采取初审和终审程序，这样申请人都有机
会在设计完成之前，考虑审查委员会的意见。这类委员会常常是规划委员的顾问：在规划委
员会采取行动之前，听取审查委员会对前景的意见。
　　设计审查过程的优势是，以具有弹性的方式，管理那些特定场地和特殊建筑项目的开发
规范。这样，就不可避免地存在诸多困难，审查委员会所要决定的许多问题总是有争议的，
他们的判断必然存某种主观性。审查标准越清晰，·这个过程可能就顺利。

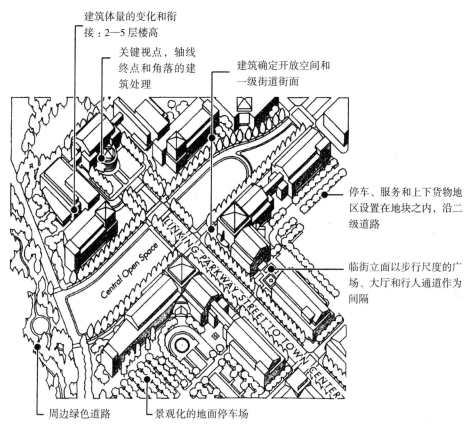

建筑体量的变化和衔
接：2—5 层楼高

关键视点，轴线
终点和角落的建
筑处理

建筑确定开放空间和
一级街道街面

停车、服务和上下货物地
区设置在地块之内，沿二
级道路

临街立面以步行尺度的广
场、大厅和行人通道作为
间隔

周边绿色道路

景观化的地面停车场

图 13.11　规划中心聚焦点建筑物的指南

第 14 章　把设计的城市变为现实

　　成功的城市设计需要得到市民的支持，也需要得到有组织的团体的拥护；成功的城市设计需要政府的法规，推广一个地方应该是什么样的积极的形象，需要一个强有力的设计审查制度，以保证城市设计的长期理念能够得到贯彻。必须有具有长期打算的房地产投资者的参与，他们希望创造出永久性的价值；而强有力的政治领导则是最重要的。

　　我在担任纽约市规划部城市设计的主任时，有一次，林赛市长在参加一个城铁火车站改造完工庆典之后，问我谁负责这个设计。车站的墙壁用蓝色、橘黄和白色墙砖拼贴起来的奇怪图案所覆盖，林赛市长认为，在这个车站花了不少的钱，而改造后的车站还不如以前。最后弄清了，这个项目是由铁路局工程部设计的。铁路局工程部一位建筑专业人士选择了这种墙壁材料。在没有指南的情况下，他选择了纽约市的官方色彩，蓝色和橘黄，同样在没有指南的情况下，他选择了在白色背景下随机排列有色墙砖的方案。

　　这个故事说明了有关城市设计的一种现象：有关一个城市的每一个设计决策，都是由那些相信自己行动具有合理性的人们作出的，他们的动机都是完美无缺的。问题是所有这些似乎合理的决策的综合效果，而不是作出这些决策的人们。

　　市长常常有权利去修正这种问题。纽约市所有公共房地产的建设应该都要受到"艺术委员会"的审查。铁路局把这个车站的改造看作一个维修，而不认为它是新的建设，所以，没有把设计方案送到"艺术委员会"去审查。市长的一位助理回忆到，"城市宪章"让市长成为"艺术委员会"的当然成员，然而，没有谁真指望市长亲临会议。他建议，城市规划部城市设计室的主任应该成为市长的代表。

　　所以，我以市长的名义出席艺术委员会的会议。我的权利并非人们想象的那么大。市长很难使用他的否决权去反对城市部门的行动。"艺术委员会"负担过重，而且缺少工作人员，所以，一直都没有如设想的那样，在城市设计问题上，担当起强有力的卫士的角色。当然，那时，我的确能够指派工作人员去这个委员会，过去曾经有过这样的工作人员，不过角色是秘书，这样，我们能够在委员会召开会议前一周，给每一个成员提交一份描述性的议题文件。不仅是委员会的成员能够在信息量充分的条件下作出决策，而且，我有时间把那些不好的项目建议书抽取出来，返还给相关部门，让他们作出修改。

当市政府各部门开始比较严肃地对待艺术委员会的批准时，这些部门开始在提出项目建议书之前，征求比较优秀的专业人士的意见。我能够敦促这些部门在给艺术委员会提交最终文件前，召开一个预备会。这就给审查部门减轻了压力，否则，审查部门还得告诉这些部门作出更正，因为预算上不可能承担，或者正在紧锣密鼓地改善中。没有林赛市长的暗示，这些新的程序将不会得以实施。

作为城市总设计师的市长

人们长期以来一直被认为，南卡罗来纳州查尔斯顿市的市长约瑟夫·赖利（Joseph Riley），是一个能够对城市设计产生影响的市长。从 1975 年开始，在他担任市长之初，他就作出过若干重要的城市设计决策。正如我在第 7 章中所提到的那样，他得出了这样的结论，公共住宅项目没有达到目的，这些投资应该用到分散到社区中的住宅上，常常通过更新现存的建筑来实现公共住宅项目的目标。现在，这已经成为一种共识，然而，赖利的见解超前了一代人。赖利还拒绝了把大片的滨水地区土地出售给私人投资者，他坚持认为，应该把这些地方建设成公园。这个城市保留了正对滨水公园的用于开发的土地，直到他期待的面对公园的市中心居住开发确实可以实现时，他才下令释放这些土地。这个结果经历了很长的时间，他一直都控制着让公众能够接近这个滨水地区和滨水地区的开发。

1985 年，赖利积极推进了美国市长大会，以后，他担任了这个大会的主席，他给弗吉尼亚大学建筑学院的院长 J·罗伯逊（Jaquelin Robertson）写信，提出了一个课程，帮助市长认识他们有可能塑造他们的社区：

> 我常说，我是我的城市的总设计师。我之所以这样说是因为我作为市长的地位，我有很多机会影响开发。大部分大的开发项目都要经过我的办公室。它们需要市长总的意义上的支持，它们还需要专门的城市部门的批准和变更等。人们常常要求我积极、主动和鼓励一定的开发。随着众多的项目，我们有机会让这些项目能够推进这座城市，或者让它们一般或很糟糕。这种情况适用于大部分市长。一个城市的市长有很多机会影响那里的开发质量。市长对好的城市设计越敏感，对宜居、尺度、多样性等越敏感，那么，这个市长将会更有愿望去帮助高质量的开发。如果我们能够编制一个课程，提高市长们的对城市设计的复杂性的认识和兴趣，我们将会更具体地影响美国城市开发的质量。

赖利和罗伯逊向"国家人文科学基金"的"设计项目"组的领导人泰勒（Adele Chatfield Taylor），提交了一个建议书，"国家人文科学基金"同意资助弗吉尼亚大学举办市长班。这个课程一直都在进行中，还扩大到其他大学，弗吉尼亚大学的这个"城市设计市长协会"（The Mayors' Institute on City Design）现在成为"国家人文科学基金"、"美国建筑基金"和"美国市长大会"的合作者。

邀请市长参与到这个协会来，并把他们社区的城市设计问题带来。每一期一般仅有8个市长和4—5个设计专业人士参加。他们参加这个项目的费用均由项目本身承担，市长们并不用花费他们城市的资金。市长是单独来的，没有他们的规划领导人或其他工作人员相随，大部分的确这样做了。市长们常常对返回课堂比较紧张，然而，他们总会发现他们听到的东西是有用的。设计专业人士在发现问题和提出什么能做这类问题上是很在行的，但是，一些有关如何处理特定条件下特定问题的最好意见还是来自其他市长。

创造一个城市设计选区

如果一个地方政府行政管理当局提出了城市设计目标，而这一举措得到了公众强有力的支持，那么，这个地方政府行政管理当局将会大踏步和快速地向城市目标迈进。许多社区都有涉及历史保护和环境问题的倡导团体，但是，倡导更包容的城市设计项目，还不是那么常见。正如纽约市政艺术协会（M.A.S）名字所意味的那样，其积极推进在公共公园中建设雕塑艺术品，一直都把好的城市设计作为它的基本目标之一。在一个巨大城市里，纽约市政艺术协会这样一个不大的团体却很有影响，原因是它的经验受到尊重，它知道如何引起公众的关注。除了在公共听证会上作证外，纽约市政艺术协会资助设计竞赛、展览和书籍，创造了照片宣传，如组织一群人形成一个影子轮廓，描绘有人提出的中央公园开发项目可能产生的不良后果。我前面谈到的时代广场特殊区域规划也是纽约市政艺术协会工作的结果。

通常与建筑和规划学院联系的社区设计中心，通过倡导规划和设计比较好的内城小区而开始工作，如在布鲁克林普拉特研究所中的先锋中心就是这样一个社区设计中心。现在，有些中心有着很宽泛的计划。克利夫兰"东北俄亥俄城市设计中心"，皮茨堡的"社区设计中心"和由得克萨斯大学主持的城市设计中心，都是这类中心的例子。这些中心集合了建筑专业和规划专业的学生，还有数目不多的专业人士，共同承担有关小区和小社区的研究项目。他们正在填补一个空档，为那些不能得到专业城市设计服务的人群提供服务，或辅助政府部门的工作。

1995年，罗杰斯创办了城市景观研究所（The Cityscape Institute），采用了也是他创办的"保护中央公园"的模式，即调动私人资金，恢复和维护纽约的中央公园。城市景观研究所也同样努力吸引私人资金，倡导在更广大的地区开展城市景观和公共场所的设计，通过公共讲座，致力于城市设计的宣传。

"城市设计中心"能够成为长期城市设计目标的连续的支撑系统，它们中有一部分得到城市政府的资助。在明尼苏达州，"圣保罗设计中心"作为非营利组织"河滨开发公司"的一个组成部分而建立起来，以帮助这个城市实施1997年规划大纲。一部分工作人员来自市政府的规划、工程和社会工作部门，一般工作时间用在这个中心的工作上。这个混合组织希望克服外部干扰，对城市设计政策，提供一个长期的承诺，当然，城市设计政策总是因城而异。南卡罗来纳的查尔斯顿市，田纳西州的纳什维尔都有类似的组织。

1975年，俄勒冈州出现了一个称为"千友会"的组织，支持俄勒冈的增长管理法规，保护俄勒冈的基本农田、森林、牧场。与这些目标相联系，这个组织还倡导紧凑的、宜居的、绿色的和有交通选项的城市设计理念。1991年，俄勒冈的"千友会"和后来建立起来的"市民地面交通出行选择"（STOP）联合起来反对"西环线"的建设，这条公路计划通过快速发展中的波特兰都市区华盛顿县西部地区。这项计划旨在减少交通拥堵，在波特兰大都会区竞争中胜出，当然，部分规划道路将要通过增长边界外的农田，把乡村土地向城市化开放，导致增长边界不可避免的扩张，更大的蔓延，更大的交通拥堵。

当人们认识到，最有效的抵制需要对这个环线道路的设计作出变更，于是，俄勒冈的"千友会"和这条道路所及的其他一些方面，资助和编制了一个变更的设计方案。这个方案将综合分析交通选择的环境因素，实际上，联邦政府要求对它所资助的任何一条道路的规划均要作出这种环境评估，当然，一般不过是纸上谈兵而已。变更的设计方案提出建设一条通过华盛顿县的快速铁路线，围绕快速火车线的车站，展开紧凑型开发，避免常规的城市蔓延式开发。从环境分析角度看，这个方案比其他方案要好得多，于是得以通过，并且得到了联邦资助，成为"波特兰 2040 规划"的一个部分（参见第 3 章）。

城市设计专业组织的宣传

美国建筑师学会（AIA）和美国规划协会（APA）都有致力于城市设计的专门委员会，当然，城市设计在这些庞大机构中相对不那么重要。美国建筑师学会提供了"区域城市设计帮助小组"（R/UDATs），采取志愿工作方式。这些小组应地方资助者的要求，现场指导城市设计。房地产业建立的研究组织，城市土地研究所，也对城市设计问题进行了积极的研究。如美国建筑师学会一样，城市土地研究所通过它的"咨询服务"项目，提供自愿小组，在地方资助的情况下，以工作小组的方式开展研究工作。他们研究的一些问题涉及金融领域，而城市设计建议通常是每一个咨询小组的很大一部分工作内容。

美国景观建筑师协会（ASLA），通过那些对公园、公共空间和区域保护方面感兴趣的成员，而涉及城市设计问题。自 1979 年以来，在安妮·费尔比（Anne Ferebee）不懈地指导下，城市设计研究所为那些对城市设计有兴趣的人们提供新闻和论坛。

1993 年成立的新城市主义协会是与城市设计联系最为明显组织。这个大会的成员是跨学科的，来自许多专业学会，它的目标是形成一个包括设计、开发、公务员和有兴趣的市民在内的国际联盟。随着城市设计问题日益得到社会的关注，在向公众宣传它的计划方面，新城市主义协会成绩斐然，其影响远远超出了一个仅有 2500 名成员的组织。当然，新城市主义协会不能代表设计师、公务员或开发商这些协会成员中的任何一个。

正式的设计审查

城市规划委员会在审查特殊地区设计建议书时，或者在那些区域规划有协商余地的地方，城市规划委员会批准一个新项目时，对城市设计作出判断。许多城市的规划委员会把项目提交给官方的设计审查委员会，听取意见，如诺福克、辛辛那提或克里夫兰。波士顿的"市政设计委员会"对超出 9000 平方米的所有项目进行审查，目标是对市政府的项目和私人开发项目实施质量控制。当综合的城市开发建议涉及原先的郊区或乡村地区，所以，越来越多的城市和城镇正在建立设计审查委员会。这类设计审查委员会既对市政府的规划委员会或区域规划委员会提供咨询意见，也逐步成为批准程序的一个部分，或者，它们直接给市长或城市管理者提供咨询意见，成为行政管理过程的一个组成部分。

作为工作人员或咨询师的城市设计师

在作出重大城市开发决策时，成功的城市设计要求设计师参与工作；这并非说，城市设计师应该作出所有的决策，而只是说，在他们有机会影响决策时，他们应该发挥作用。在我第一次去纽约市规划部工作时，那是1967年，唯一一位具有城市设计训练的工作人员是规划部领导的特别助手。规划部要求我的同事和我在规划部内部成员中培养起一种城市设计能力。当时我发现，纽约没有城市设计服务的适当名分，其他地方也一样。最后，"波士顿城市改造局"给我提议，我需要在纽约建立起可比的市政服务分类，当时，波士顿市是政府部门具有城市设计能力的城市之一。

现在，城市、县，甚至小城镇的规划部门里，都有城市设计师这个头衔的工作人员，他们负责设计审查工作，通过开发法规，帮助建立公共政策。城市改造局和地方的开发公司使用城市设计师编制规划，审查开发意见书，管理开发项目。城市设计工作人员城市标志和历史地区委员会管理保护法规，与社区组织一道推进小区保护和更新。

在学校和公共建筑选址上，城市设计师一般没有多少话语权，学校和公共建筑选址常常被认为是一种房地产性质的决策事务。当城市设计师参与大型交通决策之时，城市设计师通常扮演咨询的角色。

在我从事城市设计工作之初，全美也许仅有十来个从事城市设计的企业，它们提供城市设计服务，现在，大约有好几百个提供城市设计服务的企业，分布在全美。对城市而言，比较大的城市设计研究，如市中心规划，小区规划，铁路编组站或军事基地的再开发，或调整开发规则，通常都由咨询企业来完成。私人投资者使用城市设计咨询企业编制较大规模的开发项目意见书，尤其是当他们了解到公共批准程序后，更是采用这种方式。新公路和轻轨线的研究也常常卷入了城市设计师，当然，城市设计师对此的参与程度还远远不够，现在，还有一些城市设计师参与区域规划研究。

城市设计教育

1957年，宾夕法尼亚大学就设立了"市政设计"硕士学位课程；1960年，哈佛大学开设了城市设计硕士学位课程。现在，美国25个建筑学院都有城市设计方面的学位课程，还有一些教育机构提供了城市设计的职业训练课程，参与者通常都获得过建筑、景观建筑或城市规划学科的文凭。

这些课程一般都围绕一个工作室的课程展开，要求学生解决现实的或假设的城市设计问题。在这种工作室课程中的学生通常要求模拟作为专业咨询人员的工作经验，当然，有时鼓励他们独立表达。其他一些城市设计课程包括介绍法律和房地产、公共和私人背景下的城市设计决策，城市设计史和城市设计理论，如城市社会学之类的选修课。

设计专业的一些教育者对城市设计的专业指导看法不一致。他们认为，城市设计方面的考虑能够主导单体设计或个别空间的设计，他们对通用设计概念表示怀疑，如红线，或依赖建筑分类——办公建筑、联排住宅，实际上，这些都是城市设计的重要元素。他们还常常告诉学生，建筑应该从内向外设计，最好地容纳建筑的内部功能，而不应该从城市结构或环境背景角度去考虑建筑的场所，从外到内去设计建筑。

当然，通用和特殊设计考虑之间的冲突是不可避免的，应该是学术对话方面的话题；如果这个问题是唯一问题的话，可能真的如此。然而，这些设计教育者常常还怀疑政府部门，不信任房地产投资公司，怀疑执行中的大部分城市设计观念。他们认为，必须改变政府的激励制度和控制，改变营利性房地产开发，当然，他们至今也不能说清究竟应该是什么样。

这类认识不幸地阻碍了城市设计职业教育获得建筑和景观建筑学院里正在广泛提供的那些教育内容。

让设计的城市成为现实

无论是大城市还是小城镇，改善任何一个地方设计的第一步莫过于宣传了。宣传需要描绘一种光明的前景，那里应该是什么样，而不仅仅是组织对一个不良项目的抵制。怀尔德伍德的领导人们知道他们要阻止什么：一条欠考虑的公路和若干引起土壤侵蚀的开发项目。当然，他们也了解他们期待在怀尔德伍德看到的那种环境和社区的实例。他们传阅着书籍、文章和录像带，资助了讲座和会议，这样，市民们也认识到，他们社区里正在发生的事情并非不可改变：他们有其他选择。随着怀尔德伍德的成熟，城市设计问题还会继续成为市长和市议会征战的一个部分，现在，怀尔德伍德城市设计宣传的一个重要论坛出现在了互联网上：wildwoodtimes.com。

对于怀尔德伍德和任何其他社区来讲，一个根本步骤是，确保官方规划和开发法规实施的是一种他们期待的邻里和商业中心。特别重要的是，在编制和通过了这个社区的总体规划后，怀尔德伍德向前发展了。这个总体规划提供的是改变区域规划和详细规划规范的基础，是他们市政中心更详细规划的背景。

执行总体规划和管理法令是一个负责任的规划工作人员的时时关注的问题。在任何一个社区里，总是存在政治上的冲突，不熟悉法规的开发商总是以对簿公堂相威胁，有时还真这么做了。面对这类冲突和法律挑战，怀尔德伍德的规划和法令一直都是岿然不动的。

在消除可能的冲突，寻找好的解决方案上，"怀尔德伍德设计审查委员会"一直都发挥着重要作用。这个委员会不是在对立和冲突的氛围下，而是在建设性的氛围下提出建议。"怀尔德伍德设计审查委员会"如同大多数设计审查委员会一样，从规划委员会获得权力，规划委员会把开发建议书提交给它，听取意见。

怀尔德伍德的故事和其他许多包括在本书中的实例都证明，好的城市设计不仅是可能的，而且已经在许多地方和不同的情况下得以实现。只要那些社区很好地了解了城市设计，只要那些社区有执行规划和开发规则的政治愿望，那里的规划和开发规则具有积极的目标，如保护自然环境，建设可以步行的邻里，鼓励紧凑型功能混合的中心，只要那些社区提供了细心的管理和建设性的设计审查，设计优秀的城市就能够出现在那里。

专业术语

Brownfield 棕地：已经受到工业污染的，或者怀疑已经受到工业污染的、必须经过清理才能重新使用的、空闲的城市房地产。没有进行城市开发的土地通常在大都会区的边缘，使用绿地这个术语与之对应（参见绿地）。

Business Improvement District 商务改善区：地方法律规定可以征收一种附加房地产税的商业区。这一部分房地产税用来改善这个商业区，如比较好的治安和垃圾收集，按照这个目的而形成的特殊组织来实施管理。

Cartway 车行道：在包括人行道、道路景观和分隔带在内的整个道路中，实际铺装起来供车辆行驶的那一部分。

Cluster Development 簇团式开发：不遵循常规的区域规划规则，放弃最小场地规模和退红的要求，允许在一块地产的某一部分上所做的集中开发。这样做的好处是，让这块地产的其他部分处于自然状态，或处于历史保护状态，或成为共享的休闲空间。

Commercial 商业用地：作为一种土地使用类别，商业用地包括办公室、酒店、商店、餐馆、电影院和保龄球之类的活动中心。区域规划规范通常按照不同商业活动对周边房地产的影响，细分商业土地使用类别。

Deed Restriction 房产地产契约限制：房产地产契约中对这个房产地产使用的限制性条款。

Design Review 设计审查：地方开发批准程序中的一个部分，允许对特定建设建议的适当性酌情作出决策。设计审查委员会一般为规划委员会提供咨询。

Edge City 边缘城市：J·盖拉创造的术语，他1991年出版的《边缘城市，生活在新的前沿》一书用这个术语作为书名。他对边缘城市的定义是,边缘城市是 30 年前那些曾经是"睡觉的"郊区或乡村地区的地方,现在那里至少已经有了 500 万平方英尺的办公空间,60 万平方英尺的零售商业空间,被认为是一个区域商务中心。

Environmental Zoning　环境区域规划:在区域规划规范中,一个地产的面积通常是计算允许开发的基础。在环境区域规划规范中,那些因为造成水土流失或其他类型不稳定性而不应该开发的面积能够从开发计算中剔除掉。

Equity　公正性:在城市规划和设计中,公正性意味着,协调相对较小群体特别是那些没有多少政治实力群体的不利后果的大多数人的需要。导致贫穷人群聚集在一些具有最少资源的地方或一些完全不良土地使用的地方的政策,就是公正性问题。"环境公正"这一术语也用来表达规划和公共政策中的公正性问题。

Every-Day Urbanism　非专业人士的城市规划:描述了一个研究领域,这项研究旨在提高对非专业人士所作出的城市设计决策的认识,这个术语源于马克思主义社会评论家亨利·勒菲弗。

Exurban　远郊区:历史上曾经有过这样一类郊区,这类郊区中的一些居民需要到城里去上班,他们通常承担管理型工作,远郊区这个术语最初就是用来描述这类郊区之外的乡村地区。现在,远郊区是指大都会边缘上的低密度郊区开发。

Floor Area Ratio, F.A.R. 容积率:这个区域规划控制性指标的比较好的定义是建筑面积乘数(multiplier)。假定建筑场地面积为 10000 平方英尺,区域规划规定的容积率为 5,那么,这幢建筑的最大建筑面积为 50000 平方英尺。区域规划计算的建筑面积不包括,消防逃生楼道,机械设备使用空间,甚至地下停车库。

Gentrification　高档化:这个术语最初源于英国,用来描述城市街区改造,导致贫穷人口不得已迁徙出去的一个过程。

Grade　室外地坪:为了制定法规,由官方确定下来的地面水平称为室外地坪。例如,高度限制可能规定,没有任何一幢住宅的任何一个部分的高度,除开烟囱外,能够超出室外地坪 35 英尺。对于一个有斜坡的场地而言,这项法规中设定的公式决定室外地坪的位置。

Greenfield　绿地:一片可能成为开发场地的乡村土地。也就是说,这块土地未受污染,当然,农业土地能够受到有毒化学物质的污染。

Greenway　绿道:绿道是一种公园,它把一地与另一地连接起来。

Grayfield　灰地:与绿地和棕地一样,这个术语描述了一种空置的城市或郊区的开发场地,大量的土地铺装起来用于停车,例如,倒闭了的购物中心。

Growth Management　增长管理:这是一种政府行政法规,通常是州层次政府的行政法规,希望影响新的房地产投资和开发。

Infill　填充:在建成区的闲置土地上所做的开发,与绿地上的开发相反。

Inner-city　内城:这个术语用来描述紧靠都市中心的比较老的地区,但是,只有穷人生活在那里时,称之为内城。在波士顿,罗克斯伯里就是一个内城街区,比肯山则是一个富裕的地区,它是老城区,也很靠近城市中心,但是,它不属内城地区。

ISTEA　地面交通效率法:1991 年的"地面交通效率法"。这个法律认识到,快速交通是国家交通系统的一个组成部分，使用一部分"公路信托基金"来建设快速交通系统。

Livability　宜居性：在一个宜居社区：基本服务和公用设施的结合使一个特定地方的生活尽可能舒适和令人愉悦。宜居性能够通过设计得到改善，当然，宜居性总是一种妥协。例如，很难最大化一个地方的生活空间，但是，那里的生活还是便利的和可以负担起的。

Master Plan　总体规划：指导其他比较小的规划的大尺度规划。区域规划规则是城市总体规划的执行工具。整个城市的长期总体规划非常难以用文字表达，甚至比较难以实施。许多规划师宁愿编制综合规划，而不愿编制总体规划，综合规划的指导性弱一些，包容性更多一些。

Mixed–Use Development　多用途开发：区域规划一直都把各种活动分离地安排在不同的地方，如独立住宅分区或工业分区。现在，规划师正在朝着这样一个方向发展，要求严格分离的唯一活动是那些产生污染和危险条件的工业，大部分地区的土地使用能够采取功能混合的方式布局。当然，人们都希望把吸引大规模人流或重型车辆交通的使用分开来。

Mobility　流动性：交通一直都影响着城市开发。城市聚居点的边界最初就是以步行距离决定的，后来，出现了马拉车、铁路、汽车和飞机。现在，有些人怀疑，电子通信至少会在一定程度上替代交通，而成为影响城市的因素。

Neighborhood　邻里：在一般的交谈中，我们的邻里是围绕我们居住地方的那个地区。在规划的语言中，邻里已经成为一个确定的术语，反映了佩里的"邻里单元"的形式。

Neotraditionalism　新传统主义：A·杜安尼做了大量的工作，把这个术语与城市设计联系起来，从而让这个术语流行起来，按照杜安尼的意见，斯坦福研究所创造了新传统主义这一术语，以此描绘"婴儿潮"这一代人在现代的旗帜下遵循传统模式的倾向。在规划中，新传统主义是指，重新恢复城市设计战略中，对城镇广场和围绕公共建筑建设大街的兴趣，现代主义的建筑和规划思潮曾经拒绝了这类概念。

New Urbanism　新城市主义：斯特凡诺斯·波利佐尔德和彼得·卡茨创造了这个术语，他们把"城市主义"（urbanism）和新（New）这两个词组和在一起，在欧洲，"城市主义"这个术语包括了城市规划、城市设计和城市研究，"新"即是美国广告的精髓。"新城市主义协会"在它的章程中把新城市主义用 27 条原则概括起来。

NIMBY　不要在我的后院：Not In My Back Yard 的缩写，用以表示对新开发的反对，因为新开发侵犯了我的个人利益。

Planned Unit Development，P.U.D.　规划的单元开发：正如字面所示，批准的规划替代了常规的区域规划和修建性详细规划要求，在这种情况下所进行的开发。通过区域规划许可开发的地方，规划的单元开发通常遵循与区域规划变更相同的程序，包括公开听证会，按地方法规批准，以及得到规划委员会或区域规划委员会的批准。这是实施"簇团开发"或"规划的社区开发"的一条途径，当然，前提是开发的土地处在一个业主的名下。

Public Space　公共空间：建成区中对大众开放的地方，许多人可能聚集在那里，至少有些时候这样。公共空间有可能是公共所有的，也有可能是私人所有的。街道和人行道就是公共空间，当然，人们并非常常这样描述街道和人行道；人们也不把国家公园或公共所有的高尔夫球场描述为公共空间。

Redlining　红线：拒绝对一座城市某些地区的房地产提供贷款。美国政府机构曾经用色彩标志了这类拒绝提供贷款的地区。现在，这种做法是非法的。

Right of Way　道路用地：指定或用图表示出来的用于街道和公路使用的土地。

Section 8　第八条款：联邦住宅援助项目。家庭收入低于一个特定界限的租赁户能够从地方政府住宅局领取第八条款卷，使用第八条款卷去租赁私人的住宅或公寓。租赁户拿家庭收入的30%偿付租金，地方政府住宅局向房产业主偿付剩下的款项。

Smart Code　精明规范：一种专门制度，旨在替代区域规划，由杜安尼制定，采用这个名字以占有推进"精明增长"而获得的优势。

Smart Growth　精明增长：一个聪明的口号，没有谁会去反对，用以描述管理新开发的各种工作，避免蔓延。这个术语也是用来区别试图阻止增长的那种增长管理。

Snout House　大口房：一种车库对着大街的住宅，车库在住宅主体结构的前部，紧靠大街。

Sprawl　蔓延：迅速横跨乡村地区的低密度城市开发。蔓延似乎是没有规划的，实际上，蔓延是政府规则和私人追求之间复杂相互作用的结果。

Strip Development　带状开发：沿着公路以狭长的带状模式开发，区域规划规则常常规定出了这种带状开发模式。

Suburban　郊区：郊区最初是城墙外那些没有预料到的、不受保护的地区。以后，这个术语被用来描述到城市附近工作的人们居住的村庄。再后来，人们用郊区这个术语来描述围绕城市中心的居住社区。现在，在分散发展的大都会区里，郊区这个术语用来描述传统城市边界外的城市化地区。

Superblock　超级街区：通过封闭中间街道而产生的大型城市街区，或从一开始就规划了宽阔的分离的街道，从而产生出来的大型城市街区。

Sustainability　可持续性：为未来人类保护自然资源的政策，从而让地球生命能够延续下去。问题是，假定现代社会依赖于煤、油及其化学抽取物质，世界生态系统不稳定，现代社会是否能够持续下去。

Tax-Increment Financing　增加税收的财经：新的公园或其他的公共设施的改善常常提高周边地区的房地产价值，为什么不拿新增的房地产价值去偿付城市改善的开支呢？这是增加税收财政背后的原理，在一个特定地区，指定房地产税的增量用于偿付这个地区内用于改善公共设施所借贷的资金。

TEA-21　21世纪交通公正法：1998年，国会通过了"21世纪交通公正法"。这个法律是地面交通效率法（ISTEA）的再次授权和扩大。

Traditional Neighborhood Development　传统小区开发：一种新的开发，通常出现在绿地上，模仿第二次世界大战前城市和郊区中生长出来的那种小区来设计。"传统小区开发法令"以法律方式确定了这种新的开发模式，常常作为不同于"规划的单元开发"的另外一种选择。

Traffic Calming　交通宁静：降低车速的一种设计技术，特别适用与居住小区或沿着商业街的地区。

Town Center　城镇中心：在一般的交谈中所说的城镇中心在开发商的语言中成为了规划的购物中心，远不是中心，也不是城镇。这个术语意味着使用一条街或块状方式布置商店，而不是一个封闭的购物中心。有时，这些购物中心是规划社区的一个部分，可能成为实际上的城镇中心。

Townhouse　联排住宅：一种住宅，通常有两层楼以上，与相邻的住宅共享侧墙，也称排屋（rowhouse），在英国，称之为阳台住宅（terrace house）。许多行政辖区的消防规范限制成排住宅的住宅数量；两端住宅允许在侧墙上开窗户。独立住宅或成对的住宅，即使它们靠得很近，通常不叫联排住宅。

Transect　断面：在景观研究中，断面是说明生态演替的一种方式。杜安尼把这个术语用到区域规划上，并非十分贴切。

Urban Growth Boundary　城市增长边界：在图上划出一条界线，把城市开发与开放的乡村土地分开。这个概念来自霍华德的文献，他倡导用公园绿带和农田环绕城市。俄勒冈州是美国实施增长管理的先锋，城市增长边界标志了城市基础设施延伸的限度，如下水管线。

Urban Renewal　城市更新：城市更新这个术语明显具有一般的意义，但是，也被认为是一种技术术语，用于描述这样一种实践活动，政府对那些濒临坍塌的房地产实施问责，获得所有权，出售给那些承诺进行合理开发的新业主。

User Fees　使用费：有些使用者从政府提供的非税收覆盖的公共服务中所获了利益，基于这种收益，对政府提供这类服务的成本进行评估，以此作为使用者需要偿付的费用。

Vest Pocket　小口袋：小型住宅，亦称小口袋住宅，是政府帮助的住宅项目，建设在小场地或填充场地上；小口袋公园是一种在填充场地上建设起来的小公园，常常是在两幢住宅之间的闲置场地上。因为小项目不被认为有效率地使用了政府机构的时间，所以，小口袋这个术语通常用到政府帮助的项目上。

Zoning　区域规划：区域规划的法律规定了土地使用功能和开发强度。顾名思义，在地方地形图上，划出若干个区，每个区的使用功能编制成为一个区域规划规范。使用容积率和体量控制，包括退红和高度限制，控制开发强度。在美国，编制区域规划的权利属于州政府，当然，州政府一般授权地方政府编制区域规划。

推荐读物

PROLOGUE: The New Politics of Urban Design

Challenging Sprawl, Constance Lambert, National Trust for Historic Preservation, 2000.

Metropolitics: A Regional Agenda for Community Stability, Myron Orfield, Brookings Press, 1997.

"The Town That Took Hold of Its Future," Jonathan Barnett, *Planning*, November, 1999.

PART ONE: PRINCIPLES
CHAPTER 1: Community: Life Takes Place on Foot

A Theory of Good City Form, Kevin Lynch, MIT Press, 1981.

City: Rediscovering the Center, William H. Whyte, Doubleday, 1988.

Life Between Buildings, Jan Gehl, Van Nostrand, 1987.

"Fortress Los Angeles, the Militarization of Urban Space," Mike Davis, and "New City, New Frontier: The Lower East Side as Wild, Wild West," Neil Smith, in *Variations on a Theme Park*, edited by Michael Sorkin, Noonday, 1992.

The Conscience of The Eye: The Design and Social Life of Cities, Richard Sennett, Knopf, 1990.

CHAPTER 2: Livability: Urbanism Old & New

"Blurring the Boundaries: Public Space and Private Life," Margaret Crawford in *Everyday Urbanism* edited by John Chase, Margaret Crawford, and John Kaliski, Monacelli, 1999.

Charter of the New Urbanism, Randall Arendt et al., McGraw Hill, 2000.

Suburban Nation: The Rise of Sprawl and the Decline of the American Dream, Andres Duany, Elizabeth Plater-Zyberk, and Jeff Speck, North Point Press, 2000.

"The Elements of Architecture," Chapter 3 in *Architectural Composition*, Rob Krier, Rizzoli, 1988.

The Timeless Way of Building, Christopher Alexander, Oxford, 1979.

"Tom's Garden," Margie Ruddick in *Architecture of the Everyday* edited by Steven Harris and Deborah Berke, Princeton Architectural Press, 1997.

Urban Design as Public Policy: Practical Methods for Improving Cities, Jonathan Barnett, McGraw Hill, 1974.

CHAPTER 3: Mobility: Parking, Transit, & Urban Form

Divided Highways, Building the Interstates, Transforming American Life, Tom Lewis, Viking, 1997.

e-topia: "Urban Life Jim—But Not as We Know It," William J. Mitchell, MIT Press, 2000.

"Highway Planning and Land Use: Theory and Practice" Stephen H. Putman, in *Planning for a New Century, The Regional Agenda*, edited by Jonathan Barnett, pp 89-101, Island Press, 2000.

The Regional City, Peter Calthorpe and William Fulton, Island Press, 2001.

"Whatever Happened to Urbanism," and "The Generic City" in *S,M,L,XL, Office of Metropolitan Architecture*, Rem Koolhaas and Bruce Mau, edited by Jennifer Sigler, Monacelli Press, 1995.

CHAPTER 4: Equity: Deconcentrating Poverty, Affordable Housing, Environmental Justice

American Metropolitics: The New Suburban Reality, Myron Orfield, Brookings Press, 2001.

Crabgrass Frontier: The Suburbanization of the United States, Kenneth T. Jackson, Chapters 11 and 12, Oxford, 1985.

Foreword by David Rusk in *Planning for a New Century, The Regional Agenda*, edited by Jonathan Barnett, Island Press, 2000.

Inside Game/Outside Game: Winning Strategies for Saving Urban America, David Rusk, Brookings Press, 1999.

"Social Equity and Metropolitan Growth," John C. Keene in *Planning for a New Century, The Regional Agenda*, edited by Jonathan Barnett, Island Press, 2000.

CHAPTER 5: Sustainability: Smart Growth versus Sprawl

Design with Nature, Ian McHarg, Doubleday, 1969.

Green Urbanism, Timothy Beatley, Island Press, 2000.

Once There Were Greenfields: How Urban Sprawl is Undermining America's Environment, Economy, and Social Fabric, F. Kaid Benfield, Matthew D. Raimi, and Donald D.T. Chen, NRDC, 1999.

The Granite Garden, Urban Nature and Human Design, Anne W. Spirn, Basic Books, 1984.

PART TWO: PRACTICE
CHAPTER 6: Designing New Neighborhoods

Beyond the Neighborhood Unit Tridib Banerjee and William Baer, Plenum Press, 1984.

"The Neighborhood Unit" by Clarence Perry in *Neighborhood and Community Planning*, Volume VII of the *Regional Survey of New York and its Environs*, Regional Plan Association, 1929.

The Pedestrian Pocket Book: A New Suburban Design Strategy, edited by Doug Kelbaugh, Princeton Architectural Press, 1989.

"Safe and Productive Neighborhoods," chapter 18 in *Bowling Alone: The Collapse and Revival of American Community*, Robert D. Putnam, Simon & Schuster, 2000.

Site Planning, Kevin Lynch and Gary Hack, 3rd edition, MIT Press, 1984.

Towards New Towns for America, Clarence S. Stein, MIT Press, 1956.

CHAPTER 7: Reinventing Inner-City Neighborhoods

Defensible Space: Crime Prevention Through Urban Design, Oscar Newman, Macmillan, 1973.

Principles for Inner City Neighborhood Design, Hope VI and the New Urbanism, Congress for the New Urbanism and The U.S. Department of Housing and Urban Development, 2000.

Neighborhood Recovery, Reinvestment Policy for the New Hometown, John Kromer, Rutgers University Press, 2000.

The Urban Villagers: Group and Class in the Life of Italian-Americans, Herbert J. Gans, The Free Press, 1962.

CHAPTER 8: Restoring and Enhancing Neighborhoods

Crossroads, Hamlet, Village, Town: Design Characteristics of Traditional Neighborhoods, Old and New, Randall Arendt, American Planning Association Planning Advisory Service Report 487/488, 1999.

Making a Middle Landscape, Peter G. Rowe, MIT Press, 1991.

Rebuilding Daniel Solomon, Princeton Architectural Press, 1992.

CHAPTER 9: Redesigning Commercial Corridors

Ten Principles for Reinventing America's Suburban Strips, Michael D. Beyard and Michael Pawlukiewicz, The Urban Land Institute, 2001.

The Next American Metropolis, Ecology, Community and the American Dream, Peter Calthorpe, Princeton Architectural Press, 1993.

The Harvard Design School Guide to Shopping edited by Chuihua Judy Chung, Jeffrey Inaba., Rem Koolhaas, Sze Tsung Leong, Harvard Design School Project on the City, 2002.

CHAPTER 10: Turning Edge Cities into Real Cities

"Accidental Cities or New Urban Centers," chapter 2 in *The Fractured Metropolis: Improving the New City, Restoring the Old City, Reshaping the Region*, Jonathan Barnett, HarperCollins, 1995.

Edge City: Life on the New Frontier, Joel Garreau, Doubleday, 1991.

Edgeless Cities: Exploring the Elusive Metropolis, Robert E. Lang, Brookings Press, 2002.

CHAPTER 11: Keeping Downtowns Competitive

Cities Back From The Edge: New Life For Downtown, Roberta Gratz and Norman Mintz, John Wiley, 2000.

Main Street Success Stories, Suzanne G. Dane, National Trust for Historic Preservation, 1997.

Times Square Roulette, Remaking the City Icon, Lynne B. Sagalyn, MIT Press, 2001.

Transforming Suburban Business Districts, Geoffrey Booth et al., The Urban Land Institute, 2001.

PART THREE: IMPLEMENTATION
CHAPTER 12: Designing the Public Environment

Great Streets, Alan B. Jacobs, MIT Press, 1993.

How to Turn a Place Around, edited by The Project for Public Spaces, Project for Public Spaces, 2000.

Public Spaces, Public Life, Jan Gehl and Lars Gemzoe, translated into English by Karen Steenhard, Danish Architectural Press, 1996.

The Boulevard Book Alan B. Jacobs, Elizabeth MacDonald, Yodan Rofe, MIT Press, 2001.

CHAPTER 13: Shaping Cities Through Development Regulations

"The Elements of City Design," chapter 10 in *The Fractured Metropolis: Improving the New City, Restoring the Old City, Reshaping the Region*, Jonathan Barnett, Harper-Collins, 1995.

Performance Zoning, Lane Kendig, APA Planners Press, 1980.

Rural by Design: Maintaining Small Town Character, Randall Arendt et al., APA Planners Press, 1994.

Smart Growth, New Urbanism in American Cities, Andres Duany, Elizabeth Plater-Zyberk, and Jeff Speck, McGraw Hill, 2002.

CHAPTER 14: Organization Structures for Urban Design

"Urban Design" by Jonathan Barnett and Gary Hack in *The Practice of Local Government Planning*, 3rd Edition, edited by Charles J. Hoch, Linda C. Dalton, Frank S. So, ICMA, 2000.